華茶領航

45位普洱達人的投資心法

吳德亮◎著

忙裡偷閒來碗茶，茶亦醉人何須酒

2005年因緣際會之下與一些茶友有緣相識，與他們一起泡茶、聽他們對茶的理解，從他們分享的過程中，對普洱茶有更深入的瞭解，我被普洱茶獨特的茶氣及茶韻深深感動，茶味經過漫長發酵的時間中醞釀而出深厚的品味，昇華成飽含藝術層次的精萃結晶，因此我便開始投入對普洱茶的關注，進而開始收藏，因經常往返雲南、廣州芳村一帶，認識了許多兩岸三地的茶商、茶人、藏家茶友先進們，每次齊聚一堂談茶、品茗的過程其樂融融，如此優雅的生活是最能體現出飲茶文化內涵的情景。

有次茶聚時，與大家談論到想做些有益於普洱茶產業永續發展的事，因此於2019年3月集結眾多茶界人士，於廣州芳村成立中華茶業協會的籌備會，經過與先進們的多方討論後，於同年11月在新竹召開第一次會員大會，宣布正式成立中華茶業協會。普洱茶的甘醇溫潤、越陳越香的獨到韻味，歷經數十年的發酵沉澱，承襲了中華茶業悠遠發展的文化品味，古代文人為茶創作詩、文、帖、畫的紀錄，是相當具有意義，並增添了故事性及藝術價值；創立中華茶業協會，即是承自這樣的精神，致力推廣茶文化產業的永續經營及發展，期望透過《華茶領航》的出版，以另一種角度書寫、記錄屬於這個世紀的「華茶文化」。重要的茶人、藏家及茶葉貿易從事者，對當今世界茶業都佔有極為重要且深遠的影響，《華茶領航》正是匯聚了許多當今重要人士，從他們的互動及對茶知識的看法可以使我們更貼近茶文化與生活之間的距離。

我們特別邀請到身兼作家、畫家、攝影家、茶藝家及資深媒體人的吳德亮老師進行採訪及撰寫，透過實地採訪記錄每位茶人的精神理念，期望能夠透過本書的出版，分享給更多愛茶之人。《華茶領航》以人談物、以友談茶，集結了當今茶界有志一同的重要夥伴，大家齊聚一堂、共創出這本相當有意義的文史紀錄，為中華茶業文化寫下歷史的一頁。推廣茶文化的美好底蘊一直是我們茶界各位最真誠懇切的情意，感謝各方先進、友人們的慷慨相助，使《華茶領航》能夠順利出版。

「忙裡偷閒來碗茶，茶亦醉人何須酒。」一杯好茶能成為人們繁忙生活中的一點享受，並在茶香滿盈的閒適氛圍中，持續累積人類文化源源不絕的豐富涵養，如同大益集團的領航者——吳遠之先生所言：「讓天下人盡享一杯好茶的美好時光。」在此邀請各位在啜飲好茶的同時，共暢華茶領航的種種茶事。

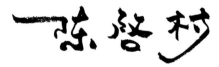

社團法人中華茶業協會

創會會長 陳啓村

2021年12月

走訪一則則茶香，品味中華茶文化的甘醇

因年輕時的興趣，一頭栽入了從茶品到泡茶藝術的茶世界，也時常到熟悉的茶行喝茶買茶，當喝到一杯未曾品嚐的甘醇好茶，便是與一位摯友相會的序曲，即為茶友，一杯茶一則故事，自此漸漸的收藏了許多普洱茶等好茶。「欲訪踏歌雲外客，注烹仙掌露華香」（明‧邱雲霄〈藍素軒遺茶謝之〉），每一塊普洱茶都會訴說著自己的年紀，以及自己的內涵，有醇厚濃烈抑或甘冽暢爽，以好茶會友，一切盡在不言中。

因長年喝茶結交許多熱愛茶品的收藏家與茶產業同好，為推廣與傳承茶和茶藝文化，自111年起接任中華茶業協會第二屆會長一職，希望能提供給茶葉愛好者與收藏家一個交流平台，以達到茶葉與茶道文化的推廣，商品與茶葉的交流，進而達到投資與理財的功能，促進茶產業的熱絡與興盛之目的。

台灣茶業已歷經數十載傳承，尋茶千里，只為杯中香，希望此書能為努力拚搏的茶人們寫下歲月點滴而成的甜美果實，也為年輕的茶友奠定茶產業穩定的榮景，感謝茶界各好友予以鼓勵支持，就讓我們依循此書的腳步走訪一則則茶香，品味中華茶文化的甘醇吧。

社團法人中華茶業協會
第二屆會長 劉震華
2022年4月

促進茶文化交流，提升茶業永續發展

茶香滿溢，一群志同道合的茶友們，在某次於廣州芳村的茶聚中，暢談茶文化對於社會脈動的影響力，並逐漸凝聚共識——認為茶界需要一個資訊透明、互相交流合作的團體，一同協力促成茶文化產業的蓬勃發展與永續經營。

2019年3月18日，約50多名來自台灣與兩岸的茶友、藏家及茶人們齊聚一堂，於廣州芳村的伯峰茶葉召開中華茶業協會第一次成立籌備會，並於會中推選陳啓村為籌備會主任委員及決定籌備會幹部，至此展開本會籌組事宜。同年4月，歷經兩次籌備會議決定成立秘書處並確定本會理念與方向後，開始著手招募會員並集結志同道合的茶界人士們；6月17日，向有關單位申請籌組團體正式獲得許可，並以「促進茶文化交流與提升茶業永續發展」作為本會宗旨。

7至12月期間，由籌備會主任委員陳啓村率籌備幹部至廣州芳村、香港、深圳、東莞、馬來西亞、台灣各地拜訪茶界重磅先進們，共聊茶事及本會願景，並聘請諸位擔任本會顧問，以為茶文化的發展共盡一份心力。

11月9日，本會於新竹正式成立中華茶業協會，召開「第一屆第一次成立會員大會」，並選出第一屆理事會，理事27名，由陳啓村當選創會會長；第一屆監事9名，由周大豐當選常務監事。11月20日，由創會會長陳啓村帶領理監事於廣州芳村舉行成立大會「華茶喜慶」晚宴。

2020年1月，本會與廣州茶業協會及東莞萬江茶業協會簽署「友好合作協會」協議並互贈匾額紀念，同時本會會長與理監事們亦持續拜訪茶界重要茶人，也得到眾多的認同與鼓勵，因此許多前輩先進加入本會顧問的陣容，串連本會之網絡交流；同月18日，本會社團法人資格登記通過。4月1日，發行《華茶文化》創刊號，採3個月為一期季刊（目前已出版至2021年冬季刊），而至4月為止，已累積囊括42位來自台灣、廣州、香港、上海、東莞、深圳、泉州、溫州、浙江、雲南、馬來西亞等地的茶界代表成為本會顧問；12月，商標註冊通過。

2021年1月3日，本會於廣州舉行「華茶喜慶」晚宴；並於該年創辦「華茶講堂」，分別於1月16日及3月20日邀請專家學者為茶友們開講，發揚本會創會初衷及協會任務，帶給會員更多茶文化的知識饗宴；9月22日，《華茶領航》的出版工作透過出版簽約事宜的完成正式開展；10月12日，本會網站亦正式簽約委託廠商設計製作。中華茶業協會從籌備至正式成立近三年的期間，秉持著協會宗旨，未來也將持續透過各項會務的進行使本會盡善盡美。

2021年12月　謹記

|目次|

以茶聚樂，以茶育人，
以茶促貿，以茶豐積

「中華茶業協會」創會會長、「人間國寶」木雕大師陳啓村的藏茶藝術

　　如何與茶結下不解之緣？知名雕塑家陳啓村大師還記得第一次接觸到茶，是以前在父親工作時辦公室的茶席間，那裡會擺放沖泡好的茶品提供飲用，當時聽大人們說喝茶可以讓頭腦清晰、變聰明，年幼的陳大師感到相當新奇，趁大人不注意時嚐口小茶，初次嚐茶的滋味至今難以忘懷。回憶起這段童年趣事，他意識到：「茶」在飲食文化中是佔有一席之地，並十分貼近生活的。對茶有更深刻的認識，大約在18歲時，偶然接觸到宜興壺等很好的茶具，因此開始收藏有緣分的器具及茶品，泡茶的沖泡程序相當講究，泡茶的器具更是擔任了相當重要的角色，並意識到「茶」是具有更高階的文化層

次。無論是茶本身散發的品味價值、製成過程的嚴謹工法、流通貿易的包裝設計、文人品茗的沖泡程序、世界各地茶人尋茶訪茶的過程，皆推進了農業、文化、旅遊各產業的融合發展，經年累月所堆疊的人文價值，更呈現了茶產業影響社會的獨到現象。

「接觸普洱茶，可以說是一種福報，我常感恩自己能有這樣的福報。」陳大師如此說道。茶文化是歷史悠遠的文化產物，陳大師喝台灣茶多年，也相繼收藏比賽茶，而在2005年某次因緣際會之下接觸到普洱茶，立即被樸實美感的普洱茶包裝深深吸引。「當初會接觸茶，而喜愛普洱茶，其實是從茶文化美學的角度切入，覺得普洱茶的包裝設計，不管是外包裝或內飛都別具美感。很多茶具也是藝術品，美得讓人愛不釋手。」本身是藝術家的陳大師，對美學有一定的堅持，也因此感受到茶之美而與茶結下不解之

緣，進而成為知名的普洱茶收藏家。美感的體驗多來自於生活中的每個點滴，雅俗共賞成為生活的一部分，方能流傳幾千年。多年來愛茶成癖的他，已習慣一邊泡茶，一邊思考與創作，待作品完成或告一段落，也會沏壺好茶犒賞自己，經常還邀約三五好友品茗，在茶中共享風雅並建構更堅實的友情。茶聚的時光總是相當和樂，以茶會友是陳大師的待客之道，在陳大師的藝術哲思中，「茶」不只有深厚的文化底蘊，更是人與

大益集團吳遠之總裁與陳啓村大師合影。

大益集團吳遠之總裁簽名之三款大益茶品。

人溝通的最佳媒介，他強調「喝茶講求的是分享，不分貧富、人人皆可享受喝茶的意境。」因此享飲一杯茶的時光，是靜心沉思時最好的陪伴，也是與人相聚時最佳的媒介。

愛上普洱茶之後，不知不覺開始收藏，進而深入研究，其實陳大師年輕時就喜歡喝茶，從品茶、識茶到藏茶一路走來，他感嘆的說：「30年前1斤高山茶高達6000元，普洱茶1片357公克不過數百元，但現今普洱茶光是單餅動輒就數萬元，甚至數十萬、百萬以上。」正因為開始有計畫性地存茶、藏茶，加上收藏過程常往返雲南、廣州芳村一帶，相識許多兩岸三地的茶商、茶人、藏家茶友們，培養出對市場的獨到見解與精準的投資眼光，多年下來儼然成了知名的普洱茶收藏家，對如何選茶、各款茶品進出時機與經驗也從不吝分享，就是這種熱情豪邁和難得的大氣度，作為「中華茶業協會」首任龍頭，可說是眾望所歸了。處事圓融且率真謙虛的陳大師，多年來除了埋首創作，更懂得惜福與付出的重要性，因此積極參與藝術推廣，除了擔任「中華茶業協會」創會會長，還先後執掌「台灣工藝聯盟

總會」、「府城傳統藝術學會」、社團法人「台灣南美會」以及「台灣工藝之家協會」等知名藝術團體，對藝壇貢獻良多；而在茶文化的推廣也是相當投入，慷慨解囊贊助茶藝文化，多年來陳大師熱心公益，他的理念是「取之於社會、用之於社會」，錢財皆來自十方，所以更應該要懂得回饋。

普洱茶的風味在歲月流轉中不斷轉變，茶韻是愈陳愈香，其溫潤的關鍵正是時

間，經過時光的淬鍊才能散發出醇厚的味道。陳老師認為，每個人的人生劇本都不一樣。上天在他的人生劇本寫進了眾多章節，每個章節都有不同的任務，而他在完成任務前的學習過程中，廣納四海的孕育了相當多元且充沛的能量；也因為上天的疼惜，賦予他有勇於服務眾人之事的熱忱與能力，並有著獲得各界厚愛的福氣，得以擔任多個重要團體的理事長，帶領許多團隊走遍各地；陳大師用著腳踏實地的職人精神，完成每一項任務，而這些過程所醞釀的緣分，讓他有機會接觸到許多「對的茶」，讓他可以和大家分享他所經驗到的茶文化與人生態度，為人生劇本寫下藝術般的精彩故事，成為藝文界與茶界的最佳典範。

「華香堂」繽紛立體的斜槓人生
與多元致富收藏

「中華茶業協會」本屆會長劉震華

「斜槓」是近年超夯的新詞，源於英文「slash」（斜線），出自《紐約時報》專欄作家麥瑞克・阿爾伯的著作《雙重職業》，用以稱呼同時擁有多種職業與身分的人。而北台灣有這麼一位企業家，「斜槓」卻代表了他不同領域的豐富收藏：從價值不斐的紅土沉香到奇楠；從張大千等名家古董字畫到現代藝術家如任哲的不銹鋼雕塑、從金門陳高到40年以上的名牌威士忌；從號級、印級、七子級陳年普洱到近年狂飆天價的大益圓茶；從新竹東方美人歷年比賽茶特等、頭等到貳等獎；從紫砂名壺到日本名家石黑光男二代鍛造金壺、從Versace到Meissen（麥森）的瓷器；從千萬身價的旗艦Extreme喇叭音響到超短焦雷射光源投影機……等無役不與，不僅為他創造了可觀的財富，更豐富了他的專長興趣與繽紛立體的人生。

他是「華香堂」傳麒國際公司的劉震華董事長，三座遠離塵囂的大型會所各有不同的收藏與展示，讓每一位造訪的客戶或友人都深深沉醉其中。其實劉董從2009年在新竹南寮建立第一座豪華會所後，又陸續於2016年在新竹橫山秀麗的風景之中打造了第二座足以令人嘆為觀止的會所，此後又於2021月3月在竹北建立了第三座會所、2021月12月在台中北屯建立第四座會所。

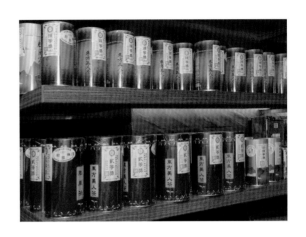

劉董說早年經常因業務需要而遠赴大陸北京、上海、廣州、深圳等地拜訪高端客戶，看到對方富麗堂皇的諸多會所，在心中造成極大的震撼。因此返台後曾經開過設計公司、對建築或裝潢均有深厚底子的他，當然不能認輸。因此先精確選址，再精心設計規劃，精選各種家具與音響燈光，打造一座又一座充滿藝術美學且大氣磅礡的會所，每座會所都有他豐富的普洱茶與藝術品收藏，豪華幽雅的空間擺設更讓來訪的朋友或客戶都流連忘返。

劉董說早於1990年就接觸普洱茶，但當時兩岸民眾對普洱茶仍處於懵懵懂懂的階段，他大多是買完紫砂壺「順便」捧場一些普洱茶，其中還包括厚紙8582，結果請友人品飲還被罵「難喝」。直到2004年跟幾位茶人前往雲南探訪西雙版納茶山、易武老街「車順號」等地，回才來開始認真研究並收藏、投資普洱茶。不過也曾錯失許多機會，

例如曾有某名醫低價割愛手上100片的「紅印」圓茶，卻因故而未下手。2000年時購入「紅印」圓茶單餅約莫2、3萬的價格，邊學邊賣。

至2005年有媒體記者拿了2筒紅印以126萬台幣轉讓劉董，他再以加2成的價格讓予朋友，結果內行的友人僅買下中間抽出品項最完美、紙張也最完好的各2片。再來另一位友人又在挑剩的5片中間挑了2片，剩下品項較不完美的就留下自己喝了。2006年劉董開始大量購入號字級、印字級的普洱老茶，當時單餅價格僅數萬元的「無紙紅印」都整筒拆開全喝進了肚子，他回想起當時那種暢快，可說最實在不過了。

2006年劉董也開始收藏1970～1980年代勐海茶廠與下關茶廠改制前的「中茶」產品，包括7542、8582或簡體中茶、班禪緊茶等，直到2016年發現老茶增值的速度沒有新茶快，才毅然將手中大部分老茶出清，將所

三千萬身價的旗艦Extreme喇叭及音響。

得全部轉投資到勐海茶廠改制後的「大益」中期茶，且大多都賣在最高點，客戶不僅包括為數甚多的香港店家，也賣到廣州芳村等地。

劉董目前也是日本金銀壺大師石黑光男二代的「亞洲總代理」，劉董甚至不惜飛到東京，與石黑相約在日本橋的「造幣局」，由石黑憑「金工工藝師」證照陸續購買總共50公斤的金塊，由劉董先匯款付清，再由大師取回逐一鍛造為大大小小50幾把造型端莊古樸、優雅貴氣的湯沸（燒水壺）、急需（泡茶用的小壺）等金壺，當時3.2吋的黃金做成350公克、3.5吋做成450克的側把急需，而4吋600克、4.5吋900多克、5吋1250克、5.5吋1650克做成湯沸，加上5％損耗，以及返台需申報5％的稅，可說所費不貲。因此劉董必須考量在金價跌時多買，才不至於將成本全耗在飆漲的黃金價格上。2009年後，劉董也曾陸續邀請石黑大師來

日本金銀壺大師石黑光男二代鍛造的黃金湯沸（燒水壺）。

台，在台北世貿舉行的茶博會做鍛造展演，展覽兩三年後發現經濟效益不大，因此2010年不再辦展，而開始跑大陸交給同行販售，成績亮眼自不在話下了。

兩岸三地開創36年輝煌的
吉盛號普洱茶

高雄／廣州「茶言觀色茶業」鍾木盛

隨著中國大陸經濟的快速崛起，普洱茶近年在全球竄紅的程度，簡直可以「另類金磚」比擬吧？以1952年中共建國第一餅「紅印」為例，1997年在台北建國花市零售單餅不過台幣3000元，2017年即已飆漲至300萬台幣，20年漲幅1000倍的奇蹟已令人咋舌，今天更以單餅420萬台幣的天價，遠遠超過任何股市、房市與黃金的獲利增值倍數，卻是1980年代兩岸三地做夢也無法想像的吧？

其實台灣從來就沒有普洱茶的產製，這種必須以大葉種茶為原料、經過後發酵所產生的茶類，全部都來自中國雲南省。但是在2000年以前，除了鄰近香港的廣東省以外，中國大部分民眾根本不喝普洱茶，即使產地雲南也不例外。在台灣甚至常被汙名化為「臭脯茶」而嗤之以鼻。因此，早在1986

年就在高雄開設「吉盛號」，以獨具的眼光開始透過香港引進紫砂壺、進而推廣普洱茶的鍾木盛，可以稱得上「先知先覺」了，其藏茶之豐富、識茶選茶之精準，在在都令同

業與藏家深深折服。

　　鍾董說自己原本以經營紫砂壺為主，經手過不少經典名家名壺，甚至使得紫砂壺一度在台灣刮起好大一陣旋風，而普洱茶也從「順便」到認真經營推廣，儘管來自雲林，至高雄創業，卻承襲祖籍福建詔安客家的硬頸打拚精神，加上南台灣的熱情爽朗，不僅在台灣累積豐富的人脈與客戶，還跟香港眾多實力雄厚的茶商建立良好關係，因此業務蒸蒸日上。2002年普洱茶開始在對岸快速崛起，他更洞燭機先，遠赴廣州芳村與高雄「茶順號」主人鄭義順合作經營普洱

茶事業，長年奔波於廣州、香港、高雄兩岸三地，2006年～2012年間還簽約作為「中茶牌」普洱茶在台灣的代理商，直接從雲南進口台灣，當時盛況可以想見。至2013年再獨資於廣州芳村以當初QQ的名字，開創「茶言觀色」茶莊，並逐漸交棒予兒子鍾秉勳，因為當時兒子已熟悉各項業務，所以他笑稱這公司可是專為他開的。

　　近年勐海茶廠大量出品的各款「大益」名茶，在兩岸三地都刮起了瘋狂搶進且價格一日千里的盛況，但鍾董依然較鍾情於2000年前的中老茶款，儘管並不排斥近年推出的

 鍾董原本以經營紫砂壺為主，經手過不少經典名家名壺，
而普洱茶也從「順便」到認真經營推廣，
承襲祖籍福建詔安客家的硬頸打拚精神，
累積豐富的人脈與客戶，還跟眾多實力雄厚的茶商建立良好關係。

大益茶品，他也絕少「隨波逐流」貿然跟進，而係以異於常人的「慧眼」精選值得收藏增值的茶品。例如2008年大益推出的「秋香」陳年谷花青餅，顧名思義就是秋茶，當時普遍不被看好，市場一時也難以去化，但經他試喝後發現該茶品茶底渾厚，且價格不高（當時秋香500克1餅，1件30餅15公斤不過1200人民幣），因此翌年毅然一口氣引進近1000件，讓周遭好友都為他捏了把冷汗，

結果該茶在2021年飆漲至每件13萬人民幣，可說12年增值130倍，讓大家見識到他獨特的選茶功力。

鍾董近年也在西雙版納易武等地精選大樹茶，從採摘、攤涼、殺青、揉捻、曬青到石磨壓製成餅與包裝等全部手工精製，從早期的「普慶號」、「景昌號」到近年的「吉盛號」、「茶言觀色」等合作或自創品牌都有頗佳的口碑，且幾乎都由書法家題字。即便當「空中飛人」四處奔波打拚，近兩年若非疫情阻隔，每隔兩個月多會返台與家人及親朋好友相聚，至於高雄業務主要由太座打理。在鍾董堅毅的臉上，不難發現分別成立36年與9年的「吉盛號」與「茶言觀色」，就跟老茶一樣，在兩岸三地「越陳越香」了。

從工藝品到專業物流
到普洱茶事業穩健成長傳奇

台中／廣州「伯峰普洱茶」沈伯峰

兩層挑高、占地620坪的專業普洱茶大倉庫，佇立在台中市霧峰區車流往來密集頻繁的大馬路旁，醒目的「伯峰普洱茶」偌大招牌加上門口不時停駐的大噸位物流車，很難不引起注意吧？主人沈伯峰1996年從紫砂壺及工藝品起家，與大益茶道師的愛妻陳惠君共同打拚，今天不僅以普洱茶販售、物流、倉儲管理在兩岸開啟一片天，大陸廣州芳村茶葉市場與台灣皆設有據點。2004至2018年平均每年從大陸出口到台灣的普洱茶數量高達1000公噸以上，至今每年仍有600公噸普洱茶進口來台，近年還在大陸建立普洱茶線上交易平台，穩健成長的事業傳奇深獲市場與同業肯定。

今天也擔任「中華茶業協會」常務理事及「廣州茶業協會」副會長的沈董回憶說：「伯峰茶業貿易有限公司」創立於1995年，原本從中國宜興進口紫砂壺、工藝品及少量的普洱茶回台銷售。1998年開始接受台灣普洱茶同業委託，接單後遠赴雲南西雙版納勐海茶廠收購大益普洱茶，當時仍為國營茶廠的阮殿容董事長還特別帶他去看檔案室，對這位來自台灣的大客戶可說禮遇有加。而收購茶品多以常規品為主，如7572、7262、7542圓茶等，運回台灣後再以整櫃交付客戶，自己僅少量配合茶壺銷售，可以說：1999年到2003年公司的普洱茶銷售量只能說是「副業」罷了。

沈董說自己儘管「多年積累，潛心普洱世界」，但所有過程並非一蹴可幾，而是歷經多年汲取經驗循序漸進而來：起初只是幾位工藝品大客戶頻頻詢問普洱茶進口問題，問多了他自然也產生了興趣，而慢慢的開始買賣起了普洱茶。最早的經營方向是以消化型的小廠茶、口糧茶為主，當時以「薄利多銷」而逐漸收到成效，尖峰時甚至每三個月就能賣掉一貨櫃的普洱茶，委實驚人。

未料2003年大陸發生了「豬圈茶事件」，加上接踵而來的SARS疫情，普洱茶連同整個消費市場大幅萎縮。在無法銷貨的情況下，沈董毅然選擇了「封倉」，僅僅留住了普洱茶物流業務，直至2006年才驚喜發現留倉的2003年「紫大益」價格竟然大漲數倍之多，因此重拾對普洱茶的信心，並且對「大益」有了越來越多的關注。

2004年政府正式開放大陸普洱茶進口，沈董也應普洱茶同業普遍要求，成立了普洱茶專業物流，進一步對普洱茶有更多的認識，並於2005年開始大量訂製普洱小廠茶回台銷售，這期間才開始有點小量的收購「大益茶」存放。至2010年開始與台灣做普

洱陳茶的朋友合作，在台灣收老茶後由沈董出售到北京，一路看著老茶不斷飆漲，又看到老茶在兩岸的需求量大，因此2011年後正式以普洱茶為主業，並開始收藏大益的明星茶品，如501的「金色韻象」黃板與綠板、「烏金號」、601「山韻」等，但只收藏不賣，沈董當時的原則是「賺小廠茶的錢存大益」。

沈董說儘管很早就在廣州芳村設有倉庫，但一直到2016年才在同行與友人的建議下，毅然在芳村古橋茶街開設店面，真正介入芳村的茶葉買賣。不過他也強調：2011年開始收藏的「大益」茶品一直未曾銷售，也

見證了普洱茶的狂漲，到芳村開店後才少量的售出部份。沈董語重心長地表示：從2021年年中到現在，普洱茶價格下跌了30～40％，在他看來這是之前2019～2020年之間因為人為的炒作而飆漲太多了，如今適當的回調應為正常現象，而再過兩三年也會回漲。

沈董說歷經十多年的民營化變革與中國消費市場的劇烈激盪，「大益」已經蛻變成了一個與眾不同的品牌，其獨特之處可以從兩個方面來闡述，即「歷史與創新」。勐海茶廠作為1940年代成立的茶廠之一，在市場深耕已久，無論積累的技術資本或品牌價

沈董說自己儘管「多年積累，潛心普洱世界」，
但所有過程並非一蹴可幾，而是歷經多年汲取經驗循序漸進而來：
起初只是幾位工藝品大客戶頻頻詢問普洱茶進口問題，
問多了他自然也產生了興趣，而慢慢的開始買賣起了普洱茶。

值皆非其他小廠可以比擬。而與同樣具有歷史意義的「中茶牌」與「下關茶」相比，改制為民營化後的「大益」有十分明顯的創新精神。這個精神體現在大益普洱茶整個價值鏈的許多面向；從後環的研發、拼配，一直到前沿的行銷手法與客戶服務，大益總是推陳出新，不僅維持了作為一個品牌的新鮮感，擴展了旗下的商品組合，更豐富了自己的品牌故事。這兩個決定性的不同，標誌了大益品牌的獨特性。

沈董進一步表示：大益茶品近年來已經演化出了一種「類金融性質」，市場活絡的好處之一是變現快，但風險也存在於大益茶品被明顯的人為炒作。借鑑歷史，無論2007年的信心崩盤導致茶價雪崩式滑落，或2011到2014年歷經的價格微調，在在驗證了這個行當並非一本萬利。他總結過去多年的心得，「投資者應該量力而為，視資金許可來擬定採購策略」，而新茶往往小買小賣即可，性價比高的產品則大多具備成本低、茶

質佳的特點。儘管短期投資風險難免，但沈董以多年累積的經驗告訴我，大益品牌的長久價值絕對值得買家們長期投入，一路走來儘管漲跌互見，他依然充滿了信心。

從台灣茶到普洱茶到
自創「高敖古茶」品牌打響口碑

廣州「普提緣茶業」楊水吉

早於1988年就在台北市基河路開設茶行，以經營台灣茶為主，「普提緣茶業」董事長楊水吉可說是「資深茶人」了。他回憶說1992年到宜興買紫砂壺，後來看到大陸正快速崛起的普洱茶市場，而開始收購收藏普洱茶。2000年先親自遠赴雲南西雙版納「勐海茶廠」購入一些老茶，2001年更在廣州芳村茶業市場跟經銷商購入三百多件勐海茶廠出品的7542圓茶以及250克大沱熟茶。同年再跟勐海茶廠定了一批99綠大樹圓茶。

話說1990年代是大樹茶的發源，純料茶的開始。其中由當時還是國營的勐海茶廠生產的99綠大樹，正確品名為「易武正山野生茶特級品」，此外茶票紙還印有「特級品」、「雲南省勐海茶廠出品」等字樣，因為茶紙的中間有棵綠色的大茶樹而名，標榜茶菁是從老茶樹上採摘而來。不過99綠大樹當時屬於定製茶，勐海茶廠不給大票和竹簍，只能用紙箱裝運，所以綠大樹並沒有大票和原件，而茶餅也沒有附內票，內飛正面是八中茶商標，而不是大益商標。不過歷經20多年悠悠歲月的加持，今天已然成了普洱茶界的明星茶品，也是茶人眼中的經典茶品，今天價格更已連翻十數倍以上，可見楊董選茶識茶的不凡功力了。

楊董於2004年正式在廣州芳村茶業市場開設「普提緣茶業」，銷售多種品牌普洱茶，包括勐海茶廠的「大益」品牌以及下關茶，品項則包含茶餅、茶磚、禮盒等；而最受矚目的則是自創品牌的「高敖古茶」，由於品質甚佳且價位適中，更是吸引不少回頭客的主力商品。他表示「很多茶都是要趁鮮喝，普洱茶卻是越陳越好，比較有內涵，且

楊董在廣州芳村茶業市場開設「普提緣茶業」，
銷售多種品牌普洱茶，包括勐海茶廠的「大益」品牌，
而最受矚目的則是自創品牌的「高敖古茶」，
由於品質甚佳且價位適中，更是吸引不少回頭客的主力商品。

普洱茶較其他茶類更具收藏價值」。

　　楊董表示：普洱茶市場以品質好的老茶最有價值，但老茶需要長時間沉澱，而且正如電視卡通《加菲貓》的名言「巧克力也有缺點，你吃了就沒有了」。普洱老茶也是「賣了就沒有了」，因此一般茶商較少對外銷售，很多客戶便選擇一些知名品牌的新茶收藏，但許多茶葉只是賣品牌，品質不夠好，一定程度影響了收藏價值。楊董說他有感於此，同時也想提升競爭力，就萌生了自創普洱茶品牌的想法。

　　楊董說「高敖古茶」是由自己多年前

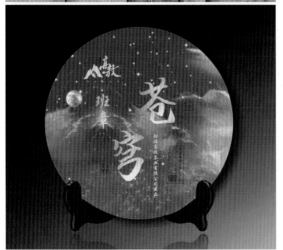

發起，再由數十位茶商朋友共同投資打造的普洱茶品牌，茶葉原料全部來自雲南勐海，透過從合格供貨商處提取毛茶，經嚴格殺菌消毒後，緊壓成各類規格的普洱茶品，保證真材實料。

楊董同時指出，由於普洱茶往往要放個6、7年再喝較合適，「新茶喝了容易肚子餓，老茶就比沒有這問題」，因此「高敖古茶」雖已面世兩三年，至今仍在推廣階段。

楊董說「普提緣茶業」已是十多年的老字號，因茶葉品質好、服務也十分到位，積累了不錯的口碑，「今後我們除秉承過去優良傳統外，也將積極推廣自創品牌『高敖古茶』，讓客戶朋友們多一個優質的收藏選擇。」

馳騁「普洱戰場」守著名茶守著酒

彰化「泉雅集茶業」李明宗

中國近代改良派代表人物康有為曾有詩曰：「眼中戰國成爭鹿，海內人才孰臥龍？」用來形容今日提供普洱茶拍賣平台與論壇爆紅的臉書粉專「普洱戰場」，可說再恰當不過了。打開網頁隨便一瞧，每天都有數十筆以上的討論與起標空間，儘管洋洋灑灑訂出了十多條必須嚴格遵守的遊戲規則，否則就「踢出本社團」，但每天依然有絡繹不絕的訪客，每天都有琳琅滿目的新舊茶品上架，每天也都有新的成員申請加入。

「戰場茶友請注意！因為有接到多人投訴，看到雜誌上有刊登的茶品廣告就下手買了，結果就中槍了！尤其是中期茶或是一些訂製茶！如有問題的，大家可在留言處貼出來共同探討求證！」光憑這點就讓許多茶友們信服，說起版主「泉雅集茶業」李明宗，在普洱茶與名酒界可是赫赫有名，很難想像總部就座落彰化縣芬園鄉一個不起眼的馬路旁，推開門卻很難不被眼前的景象嚇

到：幾乎接近學校禮堂大小的偌大倉庫，中間狹小的走道不經意就會與價值連城的普洱名茶，或單瓶高達台幣90多萬的名酒擦身而過，只能用「堆積如山」或「滿坑滿谷」來形容吧？但見被眾茶簇擁到幾乎沒有轉身餘地的辦公桌內，尊敬的李董就這樣端坐瀹茶，孤獨的位置守著名茶守著酒，不時轉身接電話或接訂單或催物流，倒也愜意自在。

坐下來，品飲李董親手沖泡的七三厚磚，原來李董的事業版圖可不只台灣，還是

提供普洱茶拍賣平台與論壇爆紅的臉書粉專「普洱戰場」。

廣州芳村排名超前的「天下茶倉」三個股東之一，目前芳村就有兩家門市，緊接著東莞跟深圳也將展店。他說自己18歲就在台北「光華商場」做古董生意，1994年退伍後前進對岸經營古董業務，因緣際會接觸了普洱茶，早先以中老茶為主，他說當時紅印、綠印等印級茶尚屬便宜階段（不似今天的動輒數百萬台幣），至2004年才開始接觸新茶，起初對新茶並不抱多少興趣，沒想到購入茶品回台很快就售罄。此後儘管新舊茶都有經營，但以新茶佔比為多，尤以「大益班章白菜系列」堪稱台灣擁有最多。他說2004年以前皆為純料，大白菜當初1件（12提，即84

餅圓茶）不到3萬人民幣，今天已飆漲至600多萬，令人咋舌；對照現今廝殺激烈且詭譎多變的普洱戰場，令人想及唐朝大書法家顏真卿「贈裴將軍」的詩帖：「戰馬若龍虎，騰陵何壯哉。」

李董說6年前才開始經營名酒，目前大都是買原酒；早先買XO都不會漲，包括人頭馬、路易十三都不會漲，陳年甚至還比新的要便宜，波段流行潮已經過了。他說現今收藏威士忌才會賺，就連大陸4年前也開始玩名酒，因此李董說這波疫情結束後要到大陸開酒莊，至少有2成利潤。

今日市場波段性且普遍「炒新不炒

「泉雅集茶業」李明宗在普洱茶與名酒界可是赫赫有名，

總部就座落彰化縣芬園鄉一個不起眼的馬路旁，

幾乎接近學校禮堂大小的偌大倉庫，

走道狹小，讓人不經意就會與價值連城的普洱名茶擦身而過！

老」，但普洱產地山頭林立，選茶何者為優？李董說他最愛「老班章」，不僅茶氣強、變化大且茶質夠厚，至於易武茶「相對就柔順多了」。午後三時四十分起身告辭，李董卻不斷要打電話訂餐，硬是要我們留下共進晚餐，並不吝開瓶上等威士忌款待。儘管還得趕赴下一個行程而婉拒，李董熱情而誠摯的笑顏至今仍讓我印象深刻。

24年深入普洱茶的知性與感性

桃園「年代茶藝」許政杰

「年代」多麼熟悉的名字，加上「茶藝」兩字，鮮明的市招立牌在豪華地磚嚴整排列的偌大前庭佇立，很難不引起來往車輛行人的注意。不過位置卻不在桃園市區的熱鬧商圈，反而「大隱」於高樓櫛比鱗次的豪宅區，無論一樓門市或不遠處高樓層的茶空間，都令人感到寧靜祥和的氛圍。主人許政杰說他早於1998年開始入行，從事紫砂壺、茶葉、茶器的買賣，至今已堂堂邁入24個年頭，而真正深入普洱茶的世界則始於2000年，讓1990年代中期就深入普洱寫茶拍茶畫茶的我也不禁深感佩服。

推開門市大門，右側閣樓上層層疊疊的茶品很快就吸引我的目光，包括如「雪印青餅」般牛皮紙筒包的七子餅茶，陳期顯然都不太年輕；其中尤以早期原封麻布袋包覆的1件陳茶特別醒目，儘管明顯感覺悠悠

歲月留下的滄桑，烙印其上的「雲南七子餅茶」與嘜號依然清晰可見，許董說那是最早在香港購得的整件12筒裝老圓茶，完整保留至今，讓我重新大開了一次眼界。

為何門市與茶空間都不在人潮熙來攘往的鬧區？許董解釋說早期大多從事中盤批發業務，因而無法專注在門市，而且從業至今早已累積不少優質的藏家客戶，24年從未

間斷。他頗為自得地表示「專業度夠，客戶一定會找上門」，而且「只要能挑選出好的茶質就是回饋客戶最好的方式」。

不過，與「中華茶業協會」大部分同仁近年專攻改制民營後的勐海茶廠大量推出的「大益」新茶不同，許董至今仍以中、老普洱茶為主，認為新大益茶現階段無法作為立即可以品飲的茶品，因此僅有少數幾款嚴選預期優質轉化及增值潛力的新茶推薦給客戶，因為「推薦好的茶質給客戶才是最重要的」。他說普洱茶是後發酵的茶品，隨著時光流逝與空氣中微量水分子結合產生後發酵，進而轉化出更醇厚飽滿且生津回甘的茶質，因此「超前部署」建立茶倉存茶絕對有

早期原封麻布袋包覆的1件烙印「雲南七子餅茶」老普洱茶。

 許董解釋說早期大多從事中盤批發業務，
因而無法專注在門市，
而且從業至今早已累積不少優質的藏家客戶，24年從未間斷。

其必要性，也才能應付現今市場上的快速消耗，進而慢慢接續新茶的轉化。

針對今天普洱茶市場普遍「炒新不炒舊」的現象，對茶的傳承延續十分重視的許董也有他獨到的看法：認為炒茶是市場一時的機制現象，一旦過了蜜月期，新茶太多無法消耗將造成市場強大賣壓而崩盤，畢竟普洱茶是後發酵的茶系，唯有經過時間轉化，讓茶質飽滿厚實溫和不刺激，才是普洱茶珍貴之處，因此經營的方向無論新舊，至今仍堅持以優質的大樹茶為主。

距離門市不遠處的一棟新建大樓高層，是許董伉儷精心打造的茶空間，從雕塑家蔡尉成的偌大作品，到足可媲美博物館櫥窗級珍藏的兩岸各款名家創作壺，都十分適

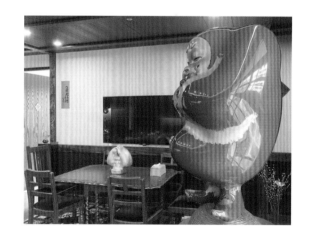

切地融入茶桌茶席之間。而進入柔和燈光照拂與恆溫恆濕加持的密室，號字級、印字級與早期七子級等各款古董名茶嚴整有序地羅列其中，點綴一旁名家創作的古典燈飾，更讓我眼睛為之一亮，可說收穫滿滿，包括知性與感性了。

30年前大膽預言
「未來將是普洱茶天下」的兩岸藏家

廣州「易茶軒」彭金盛

　　早在台灣還處在戒嚴的1980年代初期，他就在台北東區開設「清心茶坊」茶藝舘，經常受到有關單位上門「關切」。1986年到1987年間還曾為《大華晚報》寫過兩個專欄，用本名寫「藝術品投資理財」，用筆名寫「命理與生活」。1988年當兩岸除了香港、廣州以外，對普洱茶大多懵懂且毫無認知的當下，就跟詩人茶藝家季野等人應「中國茶業公司」50週年慶活動之邀前往雲南，開啟對普洱茶的深入探討，並在1989年接受電台訪問時大膽預測：「未來將是普洱茶的天下」，當時的理由很簡單：「普洱茶耐泡、便宜、生態好、養生。」

　　他是彭金盛，兩岸茶界都可以稱得上

「前輩」的資深藏家。30多年後的今天，普洱茶果然一飛沖天，成了兩岸三地茶業的主流，儘管不再「便宜」，台北茶館也早在多年前劃下休止符，卻在對岸開啟了另一片天，從廣州芳村獨門獨戶藏茶豐富的茶店「易茶軒」，到雲南西雙版納易武與當地茶廠合作推出的「和氣」與「天然」兩款普洱青餅，當個快樂的空中飛人，倒也其樂融融。

彭董回憶說，1993年元月接受台灣《行遍天下》雜誌專訪，就被稱為「藏茶狀元」，1995年因健康因素將茶館轉給友人接手，其間還中風腦溢血幾乎病危，不得已放下一切專注調養身體。1997年再度復出於台北市南港成立「停雲茶棧」茶文化工作室，專營台灣老茶、普洱老茶，以及高端紅酒等。2005年應友人之邀赴廣州、澳門、東莞等地考察普洱茶市場，開始往來兩岸，

並將手上的普洱陳茶由台灣帶到芳村銷售。2006年後事業重心逐漸移至廣州，還受邀於甘肅省蘭州市茶葉市場創立大會演講，主題為「台灣的普洱老茶熱」。2007年開始到雲南勐海、易武考察，以傳統號級茶為標準，試壓製作麻黑與田壩古樹純料生餅，始終堅持用400公克壓大餅面，儘管古樹茶十多年間由1公斤2、300元漲到數千甚至上萬元人民幣，依然不改其志。

彭董於1980年代即開始在茶藝舘內銷售普洱老茶，就連「七三紅帶青餅」都算是店內最年輕的茶品了，零售價格約在台幣1,000～1,200元左右，1950年代的印級茶於90年代初期零售價不過2,000到3,000元台幣之間，薄利多銷。直至廣州芳村開店，才歷經了普洱茶的三次大行情，2006～2007年所有品牌普洱茶都供不應求，儘管當時茶界對改制為民營後的勐海茶廠「大益」品牌不

太認可，他卻從2005年開始鼓勵芳村年輕同行經營並收藏大益普洱茶，其他品牌不予考慮。因為過去的經驗，彭董說自己錯過了多次賺大錢的機會，領悟到「資金只會關注最耀眼的標的」，當時全聽進去的年輕朋友，十多年下來資金已由萬起跳，華麗轉身為以億計，早早實現人生的第一個小目標。

2013～2014年普洱茶又迎來第二波大行情，且僅集中在勐海茶廠的大益品牌，

即便先前高價套牢的茶款都能轉虧為盈。2020～2021年又一波資金浪潮洶湧至普洱茶市場，領漲的依然是大益茶中的明星茶款。彭董說其實從2008年開始，大益集團就有計畫地打造普洱茶的「金融特性」，逐漸擺脫數字茶的領先地位，身處芳村第一線上的他特別有所感受，還在2012年寫下投資大益茶的順口溜：「龍虎生肖餅，金銀大益茶，孔雀山頭俏，易武味亦佳。」預言果然再度成

30多年後普洱茶一飛沖天，成了兩岸三地茶業的主流，台北茶館也早在多年前劃下休止符，卻在對岸開啟了另一片天，如從廣州芳村藏茶豐富的「易茶軒」，到雲南西雙版納易武與當地茶廠合作推出的「和氣」與「天然」兩款普洱青餅。

真，足可與近年頻頻預言天下大事的印度神童阿南德媲美了。

彭董說從2007年到雲南易武和龍騰茶廠結緣之後，就一直合作到現在，並用茶廠的「金聘號」商標，自己未再設立品牌，因為他的名字中同樣有個「金」字。他僅設計「和氣」、「天然」兩個版面，「和氣」的浮水印是漢瓦中青龍的圖象，因青龍主東方，五行屬木，是中華民族的圖騰，喜歡易武茶的朋友都說易武茶滋味陽和，古樹茶茶氣很足，所以取和、氣二字為茶名，也有喝茶能「一團和氣」的意思，後來才發現《道德經》有云：「道生一、一生二、二生三，萬物沖氣以為和。」高亨註釋：「萬物沖氣以為和，是為和氣也。」

彭董至今始終秉持「自然生態農法」理念，以傳統工藝壓製餅茶，「天然」的版面浮水印是漢瓦朱雀的圖象、朱雀主南方，五行屬火，茶為南方之嘉木，千年古樹，渾然天成，故名「天然」。兩款茶主要在大陸銷售，沒有在台灣推廣，主要走同行批發的路子，剛開始在淘寶網上銷售，後來同行賣開了，網路銷售才停止。他說這十多年來雲南古樹茶原料價格上漲了2、30倍，也算享受了些紅利了。

「善戰者無赫赫之功」，彭董謙虛地表示：在芳村十多年，除了銷售自製茶品外，「大益」茶的投資也有參與，總結這些年的所見所聞，在芳村只要是開普洱茶店

的，十多年下來，初始資本5位數的，最少都有7位數以上的資產，如果是專做大益茶的，都能有8位數的累積，如果投資到中老期茶和明星品種的，9位數沒問題。一些行業中的領軍人物，其成就更難以估算。

歷經普洱茶的幾波漲跌，彭董也分享他的投資經驗：市場瘋漲時不追買，等待市場交易清淡時再陸續買進喜歡的標的；行情來時售出部分，先收回大部分成本，幾波行情下來，普洱茶倉儲分為五個階段，第一階段是1980年代以前包括勐海茶廠和下關茶廠的餅茶；第二階段是90年代的大益青餅、下關沱茶、昆明茶廠的7581磚以及福海茶廠的青餅等；第三階段是2000～2005年勐海茶廠的中老期茶；第四階段是2006到2015年的大益生普；第五階段是大益2016年到目前為止的新茶。每一波行情的回落，彭董坦承說自己也難免套牢的經驗，不過大部分的收藏成本相對較低，而「投資知名品牌普洱茶，時間會站在我們這邊」。

兩岸普洱茶之神鵰俠侶與王牌接班人

廣州「三福印」／高雄「福運」羅明福、陳淑惠、羅鈺閎

在對岸膾炙人口的歷史大戲《漢武大帝》中，有這麼一段場景：漢景帝邀同母弟梁王劉武與太子劉徹共同狩獵，梁王不僅對景帝大讚太子，還將形影不離的愛馬送給了太子，並對左右說：「太子將來必成大器。」

梁王說得沒錯，太子就是後來的漢武帝，他的雄才大略與文治武功開創了中國前所未有的盛世，至今仍為史家所津津樂道。

時間拉回二十一世紀的今天，在台灣高雄的「福運普洱茶」與對岸廣州芳村的「三福印茶業」，主人羅明福與「業界第一美女」的女主人陳淑惠不僅是業界公認的「神鵰俠侶」，而最讓夫妻倆驕傲或同業稱羨的，是兒子羅鈺閎早在大學時期即懂得運籌帷幄，在網路上成功銷售自家茶品，畢業並服完兵役後正式投入普洱茶的專業領域，堪稱「王牌接班人」的功力令人刮目相看。

因為在普洱茶市場經營多年，對普洱茶的投資眼光十分精準，
而且一眼就可看出茶的好壞和真偽，
夫妻倆逐漸成為同行與收藏家諮詢的對象。

其實早在2008年，夫妻倆洞燭機先嗅到市場需求，特別以專業經營勐海茶廠「大益」普洱茶為主力，回到高雄開設「福運普洱茶行」，踏出成功的第一步，並因歷經芳村交易市場洗禮的豐富經驗，無論市場趨勢或投資動向均以敏銳眼光、穩健精準步步為營，而成了同行、藏家與愛好者請益或諮詢的對象；他們也從不吝分享品飲、收藏、投資的專業知識與心得。而為了更貼近市場、獲悉第一手訊息，羅明福多年前再次前進廣州芳村，成立「三福印」茶業，以專業、誠信的一貫經營理念，廣獲台灣與大陸同業、藏家的信任與好評。

陳淑惠回憶婚後與先生羅明福一起經營事業，當時有一些朋友喜歡喝普洱茶，大家常一起泡茶，偏好台灣高山茶的她，看到朋友們對普洱那麼狂熱，不免懷疑「世界上哪有茶可以越放越好喝，越放越貴？」因而深入研究普洱茶，並自2005年開始投資收藏，成為普洱茶收藏家。

陳淑惠說後來朋友邀他們到廣州芳村開店，隔年他們便在陌生的大陸開起普洱茶店，當時芳村有1萬多家茶行，但台灣人的店在裡面屈指可數，創業維艱。陳淑惠表示，當年普洱茶市場資訊並不透明，更缺乏暢通的交易平台，很多人為了快速獲利，

合影如姊弟般的陳淑惠、羅鈺閎母子。

選擇做山寨版的茶，她卻全心經營「勐海茶廠」改制為民營前的老茶。不過她也說近年老茶越來越難收，轉而以買賣改制後「大益」新中期茶為主，儘管短期獲利有限，一開始生意也不好做，但後來發現大品牌的茶，價格成長倍數大得驚人，營收相對穩定，也證實她當初訂定的方向是正確的，茶路也越走越踏實。

因為在普洱茶市場打滾多年，對普洱茶的投資眼光十分精準，而且一眼就可看出茶的好壞和真偽，夫妻倆逐漸成為同行與收藏家諮詢的對象。而對普洱茶市場瞭解透徹，他們越覺得應該本著「公道」和「良心」做買賣，幾年前曾有朋友拿了一大筆錢要買茶，陳淑惠竟然還勸對方先別買，因為「越在高點，投資收藏的風險越高」。

我想起多年前第一次踏進「福運普洱茶」採訪，女主人對上門大咖客戶的一段話「這款普洱茶的價格正在高點，不是投資收藏的最佳時機，建議你先不要買！」，能全心為客戶著想、提供正確的資訊與風險，正是他們成功的最大因素吧？

用心打造茶藝美學的普洱雅士

台中／台北「明岩藝術」、「逸杯茶」、「春圓子藝術」蔡承融

有人說台灣普洱茶界多雅士，蔡承融絕對是其中一位：他收茶、藏茶，從號字級、印字級、七子級等價值不斐的陳年普洱到近期不斷推陳出新的大益圓茶；不僅收茶器，從宜興名家到台灣新銳，還收了一堆當代藝術品。且不僅品茶、試茶、藏茶等空間都要求美術館等級的絕對「唯美」，門市同仁也一律要求顏值與氣質的「仙女班」，讓每一位造訪的朋友都感受那一份用心打造的茶藝美學。

我與蔡董之前並不認識，只聽江湖傳言說是「警界出身、後來轉任調查局，退休後經營普洱茶有成」，首次見面心想哪有這麼年輕的退休公務人員，看我一臉狐疑，他連忙解釋說很早就離開警界，由於人緣頗佳且口才便給，四處幫友人或前輩「調茶」聞名，顯然調查局之說應係以訛傳訛，讓識者會心一笑了。

初次見面，蔡董就取出了我榮登2008年暢銷排行榜的《普洱藏茶》一書，說當初全靠此書啟蒙，接著更取出我書中特別介紹的「東」字散茶與「萬」字散茶分享，讓我感動萬分。話說目前市面上流通的老散茶，有「字」可循的，就以「萬字」散茶與「東」字號散茶為最著名，所謂「萬字」就是香港「萬記茶莊」珍藏的1953年散茶。從清末至民初，香港較有規模的金山茶樓、

龍鳳茶樓，在1997年大量釋出號級與印級圓茶的同時，還包括5個完整原包裝的「萬」字老茶袋，其中有2件輾轉流入台灣，稱為「萬字散茶」。經過近60多年的存放，蔡董取出沖泡後散發出獨有的老藥香，陳味厚重，香氣醇厚，而且湯色老穩、入口滑順、茶氣強勁，令人回味再三。

接著蔡董再取出了「獨門絕活」，以越南芽莊金絲燕窩＋日本金澤金箔＋日本京都「一保堂」抹茶粉調配的「金箔燕窩抹茶」分享，首次「吃」到沒有天目碗且無須茶筅擊拂的抹茶，黏稠滑順的滋味入口，整個心彷彿也跟著水晶碟中閃爍的金色光點跳躍了起來。

其實蔡董年紀雖輕，卻早已是非常資深的普洱茶大藏家了，在尚未與蔡董碰面之

前，我就聽聞許多店家表示早年號級、印級等骨董茶均來自蔡君之手，令人佩服。不過蔡董說他最早以石雕茶盤起家，第一家包括普洱茶的門市則係2007年對岸普洱茶一度崩盤時開創，即今日依然在台中大里蓬勃運作的「明岩藝術」，當年進場可謂深諳「逢低買進」之道了，今日不僅在台北一級戰區永康商圈設有一家「逸杯茶」、兩家「春圓

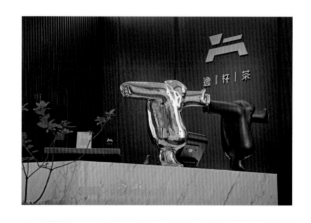

品茶、試茶、藏茶等空間都要求美術館等級的絕對「唯美」，
門市同仁也一律要求顏值與氣質的「仙女班」，
讓每一位造訪的朋友都感受那一份用心打造的茶藝美學。

子」，還有進軍港澳地區勢如破竹的冷飲連鎖品牌「了不起」與手搖飲「18％雞蛋糕」等，可說經營對象囊括了老、中、青三代，讓人不得不佩服他多元佈署的睿智。

正如官網上開宗明義的介紹文：「『用飄逸自在的心分享一杯茶』是公司理念，營造出舒適的茶文化空間，分享生活美學」。而「認識每種茶葉的特色與品飲方式，用正確的茶葉專業常識落實在生活之中，打開我們的五感讓身心靈得到滋養，讓生活有滋有味。」更是蔡董結合茶文化與藝術所精心打造的繽紛世界吧。

「寧願千金買瑰寶，莫要百元買稻草」
普洱大藏家的投資心法

台南「普勝商社」楊政龍

因為愛上茶，「普勝商社」的楊政龍董事長毅然在多年前，將成功經營了20年、月現金流高達千萬以上，且座落精華地段的加油站，租給上市公司經營，樂得輕鬆自在當一位普洱茶達人，在滿室茶香中以茶會友，不僅找到了健康，更賺得了財富，從此「過著幸福快樂悠閒的日子」。

以「501勐海孔雀」為例，他說當年1件（12提、即84餅）以人民幣27萬購入，半年後就飆漲至100萬人民幣，而且很快就在廣州售出了半件，另外半件自己留著收藏，可以繼續陳放亦可待價而沽，果然價格最高時每提七餅高達人民幣40萬；儘管最近茶市稍淡，依然有每提33萬的身價，僅一款茶品就給自己帶來收茶、售茶、藏茶等一連串的樂

趣，可說「盡在不言中」了。

其實作為一位虔誠的佛教徒，茹素多年的楊董，原本除了經營加油站，跨行投資房地產也有不錯的收益。與普洱茶結緣，是因為2003年發現自己雖然吃素，卻有三酸甘油脂偏高的問題，聽說喝普洱茶對降三高（高血壓、高血脂、高血糖）甚有助益，而逐漸從嘗試到積極品飲，由於剛開始喝的多為年份較老的生普，喝著喝著，發現茶品價格居然連年攀高，因而開始有計畫地收茶存茶，至今手上已經擁有不少陳年普洱茶。同時也因關注市場行情，經過深入研究做功課，發現收藏普洱茶絕對可以作為長期投資買賣的事業，累積不少經驗後，從2006年開始大量進場，並在近年看到「大益」明星茶

多年操作下來，楊董研究出一套「普洱茶投資心法」。
他分析指出，普洱茶可以分為「口糧茶」和「投資收藏茶」，
口糧茶用於平時沖泡，大多是沒有高增值潛力的老茶，
具有不錯的口感和保健功能，可作為長期飲品。

餅的市場潛力，而一再加碼購入，目前可說獲利滿滿。他說自己相信「因果」，因此無論經營何種行業，都希望提供最正確的資訊，不僅絕不可誤導別人，也時刻懷著感恩的心。因此才能擁有莫大的福報，行有餘力更投身社會公益。

多年操作下來，楊董已研究出一套「普洱茶投資心法」。他分析指出，普洱茶可以分為「口糧茶」和「投資收藏茶」，口糧茶用於平時沖泡，大多是沒有高增值潛力的老茶，具有不錯的口感和保健功能，可作為長期飲品。而投資收藏茶則需有強大的增

值潛力，在精準收得數年後，能獲得數倍甚至10數倍的漲幅，只要能深切抓緊市場脈動，就有獲利空間。他說：「即使嘴饞喝掉一些，剩下的茶依然會繼續飆漲，很快就把喝掉的給賺回來。」至於如何選茶？他說「寧願千金買瑰寶，莫要百元買稻草！」因為好的明星茶品，行情好時大家願意追，行情不好時，也較有支撐力！而進退場時機的選擇，楊董也有他獨到的見解：「明星茶款市場接受度高，見到喜歡的茶，通常加個1成即可購得，之後就等著漲價。若要變現，只要不貪心，覺得已經到達滿足點，減個1

成，應該很快就能去化」。

不過楊董並未開設門市，在台南市區不算太大的茶空間，僅作為好友「煮茶論劍縱橫天下事」時的聚會所在，儘管櫥窗內滿滿滿的1950～1960年代的紅印、甲乙級藍印與黃印等已飆至天價的印級老茶，或「下關中茶」、「88青餅」等3、40年以上陳期茶品展示，但大益近年最夯的幾款明星茶餅才是投資收藏的主力吧？楊董認為投資收藏茶的市場價值與流通性，普洱茶的品項絕對跟貯藏環境與條件有極大關係，因此對茶倉特別講究，除了要求通風良好，還配備除溼機，讓普洱茶可以在適當的溫溼度中緩慢陳化，才能呈現最佳品質，因此不會擔心沒有買家接手。

銅補茶器與普洱藏茶
叱咤全台的中文系高材生

台南「藝境茶莊」曾志成

我在2012年出版的《台灣茶器》一書中，曾提到陶瓷茶器的鋦補，並說「鋦釘改用K金，是避免傳統鐵材鏽蝕或銅材致毒的疑慮，技藝則來自一位台東的蔡姓師傅，可惜早已失去聯絡，讓我無緣一窺台灣鄉野奇人的驚世絕活，未免遺憾。」

書出版後不久，部落格就收到熱心的回應，來自台南「藝境茶莊」主人曾志成，他在留言板中詳細告知鋦補師傅的姓名與聯絡方式。原來巧手補壺的師傅叫蔡佩君，而他手上也有不少蔡君所鋦補的茶壺、茶器具；並進一步告訴我，台南還有一位本土鋦補師傅周伯燦，希望有機會能夠讓我親自看看兩人的鋦補工藝。

可真是「踏破鐵鞋無覓處」了：趕緊與曾君聯絡，搭上高鐵前往台南一探究竟，才知道他不僅擁有全台最多的鋦補茶器收藏，每件都是獨一無二的孤品，而且還藏有不少老茶，包括稀有珍貴的號級、印級或七子級普洱陳茶，加上早年留下的台灣老茶

等，讓我目不暇給。尤其知道他畢業於淡江大學中文系，還是當時擔任「國立臺灣文學館」館長的好友李瑞騰教授《文心雕龍》的學生，更讓我感到驚喜又親切，兩人一見如故，從此成了經常聯絡的好友。

儘管曾君在南台灣茶界舉足輕重，也曾擔任「台南市茶藝促進會」會長，卻絲毫沒有大老闆的架子，臉上永遠掛著微笑的他，可說溫文儒雅又親切無比，與其稱他是大茶商，毋寧說是茶界的文青來得更貼切吧。

曾君說十多年前，在三峽老街驚豔鋦補後的茶壺，因而開始廣為徵求收集。此外，自家所售出的茶器，運送、使用過程中不慎破損，他也不忍丟棄，經由友人推介認識蔡師傅後，就都送往台東太麻里請求鋦補，或就近求教於台南的周伯燦，甚至不惜遠赴對岸尋訪名師動手。因此手中的藏品，從明清到近代台灣名家如蔡曉芳、章格銘、江有庭等都有，儘管所費不貲，每補一枚K

金鋦釘要價600至1,000元不等，往往鋦補的工資遠超過原本茶器的價格，依然樂在其中。

步入「藝境茶莊」二樓，但見在偌大的木桌上與櫥櫃間，堆滿了大大小小的陶壺、茶海、瓷杯、瓷罐等，彷彿還帶著殘茶的淚珠，從歲月中一一甦醒。從外觀來看，年代應該涵蓋了明清、民初到現代，不同的是每個茶器都有或大或小、縱橫蜿蜒的裂痕，一根根鋦釘則羅列或散落其上，年代久遠的鐵釘早已鏽蝕變黑，銅釘或銀釘也多有明顯的氧化現象，看來較新的茶壺則以K金的閃爍如星座般耀眼排列……，後來都收進我在2015年出版的《台灣人文茶器》書中。

其實近年有識之士大舉投資勐海茶廠「大益」新茶，無論經營型態、價值觀念，或藏茶、存茶、倉儲的方式等，都徹底顛覆了早年經營普洱老茶的既有模式，曾君雖戲稱他是中途進場，卻也成了其中的佼佼者。讓我好奇「做老茶的為什麼會來做大益」？他說早先以1970～1980年代的普洱陳茶為主，根本看不上90年代以後的新茶，台語說「壞吃貴」，不知如何推薦給客人，後來看到周邊同業、好友，一個個轉型，利潤遠遠超過陳茶的長期投資，這才如大夢初醒般，開始認真思考，觀念也陸續轉變。卻也直到2016年才開始深入對岸廣州等地，確認這個如海嘯般忽地崛起的新興市場，並開始認真做大益，他樂觀的說「現在就努力，一切永不遲」，因為2016年就是起漲點，而進場的時機點格外重要。

曾君說現階段普洱茶可分為兩種：一種立即可以品飲的「生活茶」，針對一般消費者；另一種作為投資型的金融性長期商品。他說「勐海茶廠」新推出的各款茶品20年以後也會好喝，但現階段銷售對象絕非零售客戶，目前若要大量就是「業者對業者」。

曾君與普洱茶的故事也頗多，且多頗富傳奇與趣味性，例如兩年前某大報刊出了一則新聞，斗大的標題寫著「2塊普洱茶老茶餅，賣出220萬元」，說台南市東區某茶人以台幣220萬售出了2片陳放5、60年的老普洱茶餅，自己再添一些換了一台賓士車，一時間轟動整個南台灣，但仔細閱讀全部內容，發現該「不願透露姓名的台南茶人」，

係將手上1950年代的「紅印」圓茶與1960年代的「綠印」圓茶各一，由於外觀品項並非完美而以低於行情的價格割愛，內文進一步表示「若品項完美」，價格可高達4、500萬元。

　　正當大家都在猜是哪一位茶人的手筆時，我恰好正以Line與曾君通話，請教「大益茶」收藏相關問題，電話彼端傳來愉悅又神秘的笑聲，果然曾君自己不小心漏了餡，承認新聞主角就是他。儘管外界都深感不可思議，但普洱茶界卻普遍表示稀鬆平常，近年不僅近百年的號級茶；5、60年陳期的印級茶、2000年以前的七子級茶等都已狂飆天價，即便由國營改制為民營後的「勐海」茶廠出品的「大益」新茶，也往往飆漲至令人咋舌的地步。不過曾君仍語重心長地表示：投資普洱茶儘管獲利可期，但也並非絕無風險，投資「大益」普洱茶「其實也是在賭眼光」，例如改制後2005年的「三金」，烏金號、黃版金色韵象、綠版金色韵象，漲幅倍數驚人，但也是有炒作崩盤的幾款茶品。因此選茶、識茶、做足功課很重要，不可盲目進場或貿然搶短線，適合長期投資，放好放滿、越陳越香，等好價格浮現才是王道。

要求絕對「乾倉」作為識茶選茶唯一標準

宜蘭「永寬堂」鍾定燁

「穿過縣界長長的隧道便是雪國，夜空下一片白茫茫，火車在信號所前停了下來」。

搭乘電視大製作人周君的奧迪新車穿越雪山隧道前往宜蘭，當代文學大師川端康成膾炙人口的小說《雪國》開頭第一段話，像收音機放送的廣播一樣清晰浮現，為雨天浮躁的心境增添了些許浪漫。儘管書中全長僅9702公尺的清水隧道（群馬縣至新瀉縣）遠不及雪隧的12.9公里，但今日約訪的「永寬堂」據說藏有許多價值不斐的陳年普洱好茶，還有一窩貓咪相伴，整個心頓時雀躍了起來。

依衛星導航抵達目的地，大門緊閉且不見招牌，只見主人鍾定燁笑吟吟出來迎接，他說本是土生土長的台北人，20多年前遷來宜蘭，當初從零開始打拚，至今卻連招牌都省略了，因為「熟客都已經多到應付不來」，多款老茶近年也多惜售，堅毅的臉上流露滿滿的自信。

收藏普洱茶，無論新茶或陳茶，鍾君都盡量要求絕對「乾倉」，作為他識茶選茶的唯一標準。且早在2002年就全部經營純乾倉普洱茶了，經手40幾件1980年代8582純乾

茶品，和百來件烏金號。因此甫進門，鍾君便饗以80年代純乾倉的薄紙8582，不同於過去常飲的「香港入倉、台灣退倉」，難得感受口鼻之間「純淨無倉味」的丰姿熟韻，清新舒暢自不在話下。而接著取出的號字級散茶更顯現主人不凡的選茶藏茶功力，令人回味再三。他說早年以茶器、古董起家，因此手中也還留有不少紫砂名器，包括過去泰國皇室的御用壺等，點金的壺鈕令人印象深刻。

所謂泰國皇室御用壺，根據《中國紫砂辭典》的描述，係「民國初年第二次世界大戰前，暹羅（今泰國）定製一批紫砂茗壺，運回泰國後，由當地工人進行拋光水磨」。由於泰國寶石加工業頗為發達，儘管茗壺材質為極細緻的紫砂礦泥，成品的壺身厚度較一般砂壺單薄易碎，但大多在其表面進行水磨拋光處理，器物表面會呈現玻璃相的光澤，並在口沿、蓋鈕和蓋沿等處，用金銀進行包鑲，不僅加強了使用時保護作用，防止易碰撞之處，更形成了壺身高貴珍細的藝術美感。而在泰國人看來，這樣的紫砂壺幾乎等同於珠寶，泰國皇室及富商都爭相收藏，當時除了泰國宮廷和皇族自用之外，還被泰王贈予了一部分供皇家寺廟使用，可見其珍貴程度。

接著鍾董取來他在雲南臨滄大雪山製作的「香雪」2021圓茶，帶有高山烏龍茶的

鍾董在雲南臨滄大雪山製作的「香雪」2021圓茶，
帶有高山烏龍茶的花香不僅在口腔翻雲覆雨，
飽滿的山頭氣頻頻自喉間徐緩釋放，並在杯底留下漣漪的幽香！

花香不僅在口腔翻雲覆雨，飽滿的山頭氣且頻頻自喉間徐緩釋放，並在杯底留下層層漣漪的幽香，讓我大感驚奇。他說十多年前認識了雲南當地少數民族和一些製茶廠，透過他們獲得了一些高山優質原料，憑著自己識茶的評鑑能力，從中選擇了一些優質茶料，包括易武、臨滄大雪山、忙肺、花山、德宏

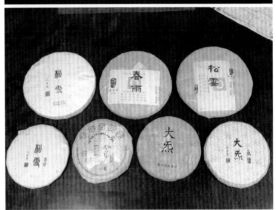

州等地，大多數以早春茶為原料，還不惜成本以喬木春茶純料製作潔淨的熟茶，因為好的原料一般不會用來製作熟餅。鍾董則從2017年連續5年在海拔2,000米左右的高山採集大茶樹原料，製成多款茶餅與散料。目前生普品名有大朵、松雲、松雪、烏金、春雨、易武韻、青淳、祥和等；熟普則有布朗韻、大朵藏韻、喬木之醇、沐醇等，全部以手工蒸壓、石磨壓餅，精心挑選製作每一片茶品，達到收藏品飲的最佳價值。

三千台幣打天下創業而聞名業界

新北「上仁茶業」曾展上

港星周星馳曾有部賣座電影《一招半式闖江湖》，相信大家都記憶猶新；台灣則有位普洱茶大咖，30多年前以「三千台幣打天下」創業而聞名業界，他是「上仁茶業」的曾展上，退伍後從高雄美濃隻身來到雙北打拚，除了臨行阿母塞給他的三千台幣，憑的卻非一招半式，而是客家人「逆中求勝」的特質，與踏實苦幹的硬頸精神，還有從不間斷的虛心學習。初次造訪，就看他拿出以紅筆勾勒、密密麻麻畫滿重點的《普洱藏茶》與《台灣的茶園與茶館》二書要我簽名，讓我感動萬分。

話說當兵期間就不斷買茶品茶，並就近向許多資深前輩習茶的曾董，從台灣茶、紫砂壺開始步步為營，手上還存留了不少台灣老茶，包括1950年代老田寮的針眉、1988年凍頂比賽得獎茶，並當場沖泡分享。尤其他早在全世界還只有港台兩地與馬來西亞喝普洱茶的1980年代，當台灣民眾普遍稱為「臭脯茶」而嗤之以鼻，當對岸包括產地雲南省都稱「糠味」而鮮少有人品飲的1990年代，他就洞燭機先，嗅出普洱茶的商機而大舉投入。從早期號級、印級與七子級普洱茶的收藏買賣，到近年屢創天價的大益普洱新茶如「軒轅號」、「千羽孔雀」等，也遠赴大陸雲南西雙版納老班章、曼松、老曼娥等茶山收購茶菁製作自有品牌「上仁」圓茶。

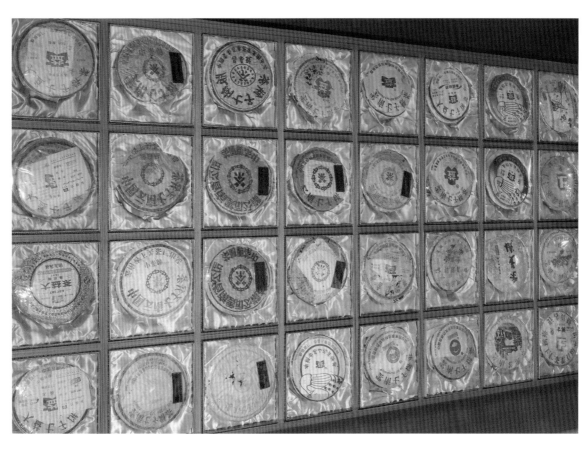

其實曾董早於1990年就在新北市中和區興南夜市開了第一家門市，開始就叫「上仁茶業」，至今依然業務興盛，加上目前在新北樹林的主要門市與倉庫，對岸廣州芳村也有倉庫藏茶。而真正經營改制後的「大益」普洱茶，則是2005年開始，大多為7542、8582等常規的數字茶。而現階段投資新大益才能有高投報率與變現性，且全球茶人可透過網路下單、交易，也有茶品行情平台提供參考。

曾董說十多年前就訂製蓋碗，以及梅蘭竹菊的杯子，他說1985年普洱茶仍未能公開進口台灣，但他當時就大膽從香港進口普洱茶，主要以熟茶茶磚為主，當時店內普洱茶主要功能卻是「趕客人用」，因為品飲普洱茶的風氣未開，大多數人都只喝台灣茶，令人匪夷所思的理由在普洱茶價不斷狂飆的今天看來，可說格外諷刺吧？

曾董取出了他2011年遠赴雲南製作的老班章大樹茶，以朱泥沖泡分享，儘管僅有11年的陳期，拆開已有些許泛黃的茶票紙，依然可見餅面粗壯的條索，強烈的山野氣韻頓時幽幽然撲鼻而來，開湯後透過舌尖傳遞的那一股蘭花香，再從喉間回吐的花蜜香，很快就直抵腦門，喚醒連日來油膩滿覆的味蕾，令人精神為之一振。從第一泡的細柔綿密，至二、三款的黏稠飽滿，湯色也從橙紅轉為金紅，不僅氣韻柔和悠長，且多飽含熱帶雨林的強烈山頭氣，時光釀造的品味令人

 當台灣民眾普遍稱為「臭脯茶」而嗤之以鼻，
當對岸包括產地雲南省都稱「糠味」而鮮少有人品飲的1990年代，
他就洞燭機先，嗅出普洱茶的商機而大舉投入。

沉醉，尤其入口茶氣強勁、厚重感也毫不遜色，而杯底與葉底留下有別於其他茶山的幽香，更讓我嘖嘖稱奇，顯然曾董在老班章寨子是下足功夫了。

接著曾董取來平日較罕見的老綠茶，說是1960年代的外銷茶葉，原件木箱上還清晰可見green tea的英文外銷字樣，是在苗栗頭份那一帶跟老工廠孫子輩收來的，儘管乾茶早已由「綠」轉為深褐色，係早年外銷北非摩洛哥等地的台灣綠茶，歷經60年悠悠歲月轉化而來的口感，既非老普洱的樟香或荷香，亦非文山包種的蔘香或藥香，更非老凍頂的梅香，開湯後但覺淡淡的木質香若隱若現，入口則有陳茶些微的黏稠，圓潤的口感則在味蕾舌尖輕轉，淡而微甘。

唐代大詩人劉禹錫的〈陋室銘〉有

云：「山不在高，有仙則名。水不在深，有龍則靈。」曾董說今天「上仁茶業」雖非最大，但30多年來始終兢兢業業，從不投機搶短線，踏踏實實為推廣茶文化而打拚，今天能夠普遍贏得茶界與茶藝界的尊敬，可說實至名歸了。

微風輕拂中
見證普洱茶近百年來的「斑斑史蹟」

高雄「微風普洱」王世宏

與南台灣知名普洱達人「微風普洱」的王世宏，原本約在三民區遼寧二街門市見面，出發前臨時來電更改在鳳山區會所，他說前者以「大益」新茶為主，後者則以老茶居多，讓我得以品賞到他珍藏多年的普洱老茶，可說誠意十足了。

果然推開大門，迎面而來的就是三面牆上滿滿的普洱陳茶，空氣中瀰漫一股明顯不同於新茶的淡雅茶香。特別的是茶桌玻璃墊下滿滿的茶票紙、大票、內飛等，仔細端詳，最老的居然有號稱「普洱茶王」、曾於2019年5月在香港以港幣2,350萬元天價（含佣金後將近台幣1億元）拍出的1筒7片「福元昌號」普洱茶的內票，儘管歷經百年悠悠歲月，「本號在易武大街開設福元昌記……主人余福生」共55字依然清晰可見。其他如1940年代「江城號」內票；1950～1960年代紅印、黃印以及早年七子餅茶的外包茶票紙、內飛等，有的尚稱完整，也有被蠹蟲或

歲月啃蝕得早已不成紙樣，不僅見證普洱茶近百年來的「斑斑史蹟」，顯然早年被王董「喝掉」的古董茶、老茶應該也不計其數了。

年紀尚輕的王董說最早與普洱茶結緣在1980年代，那時家中叔叔就有喝普洱茶的習慣，1999年跟著叔叔到香港購買普洱茶，從而在鹽埕區舊崛江附近開店做普洱茶買賣，也曾親自飛往香港多家老茶莊找貨，他笑說當時尚未生子，今天孩子都已經就讀大

學了，可見時光飛逝。所幸老茶「越陳越香」，夫妻倆依然神采奕奕、衝勁十足；而他目前也在女兒就讀的高苑工商擔任家長會會長。

市場沸沸揚揚盛傳價格已經超越1950年代、中共建國第一餅「紅印」圓茶的「六星孔雀」，王董也大方取出讓我拍照，他說2016年以6萬多人民幣（當時匯率約台幣30萬左右）的單餅價格購入，近年已飆漲至每餅90餘萬人民幣（約台幣400多萬），從聽聞到親身目睹，讓一旁陪同的陶藝名家陳瑞諭直呼不可思議，同時也抓起手機猛拍。王董說2003年發行時不到1000片，基於「物以稀為貴」的預期心購入，果

目前價格已超越1950年代「紅印」的大益「六星孔雀」茶餅。

然短短5年就增值15倍，可見他選茶精準與睿智眼光了。

又如普洱茶在2007年曾在兩岸一度崩盤，因此2008年大益推出的「高山韵象」當時不過150元人民幣1片，他卻大膽逆向操作

入市，幾年後最高價格曾飆至45,000人民幣一片，令人咋舌。

店內還看到幾款特殊品，其一為單餅重達3公斤、2004年勐海茶廠發行的「班章大白菜」普洱圓茶，王董說當時白菜在大陸十分流行，而3公斤又是特殊版本、外面少見，因此儘管價格高達13～14萬人民幣依然購入，完整貯藏至今。此外還有推論應有近50年陳期、包含完整大票的「利興隆」茶磚；以及他自創品牌的「微風普洱」，他說主要作為「觀察大樹茶日後的變化」，因此製作數量不多，一年大約1000片左右，儘管已經做了幾年，至今也無出售打算。

早期收了不少老茶的王董，買賣老茶或現在以大益新茶為主力的區別如何？他說兩者最大的不同，在於老茶做的是品飲的市場，大益則是收藏的市場，並非大益不好，而是年份還沒達到要求。他表示普洱茶就應該要「慢慢存、慢慢賣」，儘管手上下關茶廠或陳升號都有，但現階段市場依然以大益為主。而針對大益普洱幾乎成了炙手可熱的「金融商品」，市場規則也一直在變動，不僅成本大幅增加，相對風險也都不斷提高，因此必須密切關注市場動向。王董以自身經營普洱茶20多年的經驗，「歷經幾次崩盤，卻也經歷多次大漲」，有意進場的朋友不可過度盲目投資，因為「唯有喝普洱茶的人增多了，市場才能永續發展」。

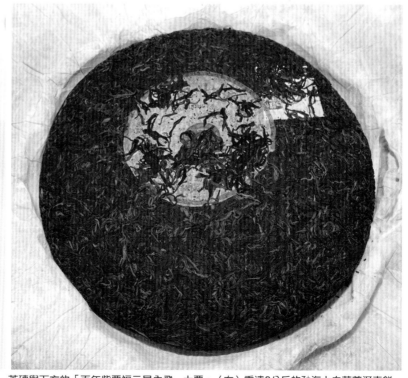

（左）推論應有近50年陳期的「利興隆」茶磚與下方的「百年紫票福元昌內飛」大票。（右）重達3公斤的勐海大白菜普洱青餅。

普洱老茶、投資茶與消費茶相互輝映

高雄「佳鑫茶莊」張銘信

2021年4月，原裝1筒7片經乾倉細心保存的「雙獅同慶號」普洱茶，在保利香港「歲月留香」春拍專場，以790萬港幣連同佣金948萬（約台幣3,360萬）成交，成為當季茶王。

2020年11月，1墩4塊、筒包完整，總重約1,520克的「可以興茶磚」，在香港仕宏拍賣以422萬港幣成交，之前也曾在2018年以含佣金88.5萬拍出單片375克的「可以興茶磚」。

號稱「普洱茶后」的「同慶號」圓茶，儘管流通於市面的「龍馬同慶」與「雙獅同慶」兩種商標，孰先孰後的爭議至今仍難分難解，但兩者拍賣屢創天價卻是不爭的事實。而1925年由周文卿在佛海（今西雙版納勐海）創辦的可以興茶莊，至今已成絕響的可以興磚茶，更始終被譽為「磚中至尊」。

我曾有幸在某大藏家處拍攝完整龍馬同慶筒包，也親自品賞了「水味紅濃而芬香、幽雅內斂且入口細柔滑順」的該茶，但「雙獅同慶」與「可以興茶磚」二者在我2008年出版《普洱藏茶》的書中照片均為借得而未曾親見，日前在高雄「佳鑫茶莊」，同時也是「中華茶業協會」副會長的主人張

「佳鑫茶莊」珍藏的「雙獅同慶」圓茶與大票。

銘信，不僅大方取出真品讓我瞧個仔細，還連同大票一起讓我拍攝，可真是太幸運了。

當然早於1980年代就陸陸續續從香港引進普洱茶的張董，店內琳瑯滿目的珍品可不僅上述兩款，包括紅極一時的「特A雪印青餅」等幾款明星茶品，都不吝取出沖泡分享。放眼偌大的店內櫃上、倉庫等，包括個人收藏的號級、印級以及早期七子級等普洱陳茶，加上近年超級火紅的「大益」新茶等，讓我大開眼界。

店內還有兩大櫃內全都為香港「新星茶莊」的茶品，引人好奇。張董解釋說從1990年代中期雙方就長期配合及經驗交流，早有共同默契與彼此誠信認同，對識茶選茶

與藏茶投資等也有共同走向，因此新星茶莊2000年後自創品牌，基於對產區瞭解、選料謹慎、製作監製嚴謹態度等，張董以自己多年品茶的經驗，認為他們所製作的大樹茶可以邊飲邊陳化，作為兼顧品飲與收藏陳化的茶品，因此也盡力推廣。

話說鹽埕老街商業發達又鄰近高雄港，早年聚集了不少各國進口舶來品，如來自香港的普洱茶或岩茶、古董、精品等，直至今天仍留有多間日本或歐美食品、日用雜貨、服飾精品等店家，因此張董早年也在該區開店經營。近年隨著普洱茶在兩岸吹起投資及品飲風潮，原有店面已不敷使用，且許多客戶需要試茶或洽談生意隱私，因此在新

早於1980年代就陸陸續續從香港引進普洱茶的張董，

店內琳瑯滿目的珍品，

包括紅極一時的「特A雪印青餅」等幾款明星茶品，

都不吝取出沖泡分享。

樂家一樓簡單整理，提供熟客更為舒適且愜意的私人茶空間。

針對勐海茶廠改制為民營後所推出的「大益」新品，張董說大多很快去化進出，包括商品茶或價錢太高的茶款等，僅留下可長期收藏陳化的茶品。他表示現階段茶品已有多樣化可供選擇，端看個人喜好的山頭、年份、口感等，以性價比高、質量年份價優的優先，至於已有年份、自然陳化或香港陳倉在台灣陳化的老韻陳茶最佳。

張董說現階段投資環境與早期收茶落差甚大，必須努力做足功課，因為早期產地毛料便宜，且傳統製茶工藝正確，長期儲藏可以越變越好，當時市場也多集中在廣州、深圳及港、澳、台等地，具有市場優勢。反觀近年大陸經濟快速崛起，產地毛料及工人、運費等不斷飆漲，且每個品牌推出品項太多，少有早年的嚴謹選料及製作，加上許多新茶往往被有心人士或金主不分品質優劣好壞共同拉抬，也帶動許多品牌或山頭的共

同漲幅，使得大多數店家或茶商難以穩定推廣或投資經營。

無論藏家或投資者，張董都建議應致力學習基本選茶知識，並從前輩身上汲取製茶工藝、識茶經驗、品茶口感、茶倉技術等，投資則可優先考慮現階段市場流通的大品牌，多品、多聞、多比較，才能成為普洱藏茶投資的贏家。

「佳鑫茶莊」珍藏的「可以興茶磚」。

「普洱封神」版主
值得借鏡之精準識茶選茶

高雄「和鑫普洱茶」金成強

據說清朝皇室自認是宋朝時金國的後裔，而滿語「愛新」即為「金」的意思，太祖努爾哈赤起兵時也號稱「後金」，因此1912年溥儀退位，中國進入民國後，皇族「愛新覺羅」就大多改姓為「金」。也因此我首度在高雄採訪「和鑫普洱茶」，以為身材壯碩高大的金成強就是來自東北的「愛新覺羅・成強」，直到某天他不經意透露自己來自江蘇高郵後，我才啞然失笑。不過古相書嘗云「南人北相者貴」，金董2011年起從娛樂業轉戰普洱茶，精準的試茶選茶功力從陳昇號、下關茶，到全力投入「大益」普

洱茶，11年來為自己帶來可觀的財富，顯然古人所言應有幾分可信吧？哈哈。

話說當今港台兩地普洱茶界多「神人」，稱「普洱耶穌」、「普洱上帝」、「普洱茶神」、「普洱茶王」者比比皆是，見諸各大茶譜令人瞠目結舌。而金董卻甘冒大不諱，毅然在臉書成立「普洱封神」粉專，讓人想到三千年前武王伐紂大勝後姜子牙奉元始天尊之命設立的「封神榜」，眾神從此各司其位、庇佑眾生。只是不語「怪力亂神」的金董為人實在，粉專上限制雖多，但見同業各款普洱旌旗飛揚，無論交易或展

金董坦承自己原本只喝台灣高山茶，對普洱茶反而極端排斥，
因為喝過當時閩南語口中的「臭脯茶」，嚴重的霉味讓他作嘔。
直到某日有人請他品飲保存良好的普洱陳年熟茶，
那種甘醇滑順讓他從此改變觀念，進而愛上普洱茶。

示或諮詢各取所需，大家和氣生財，其樂也融融，這正是金董始終有好人緣的最大原因吧？

曾在海軍擔任船舶維修雇員的金董，10年後離開轉而從事電子服務業，以及後來的房地產投資等，他坦承自己原本只喝台灣高山茶，對普洱茶反而極端排斥，因為之前曾在港式茶樓或友人處喝過當時閩南語口中的「臭脯茶」，嚴重的霉味讓他作嘔。直到

某日有人請他品飲保存良好的普洱陳年熟茶，那種甘醇滑順讓他從此改變觀念，進而愛上普洱茶，開始陸陸續續向店家或網路購買茶品。

不過金董也表示，聽聞「越陳越香」的普洱茶不僅可以品飲，還能增值賺錢，因此興致勃勃把手上零星購入的茶品放在網路出售，卻始終乏人問津，這才領悟到不是所有普洱茶都能增值，要選對好茶才是王道，

金成強創辦的「普洱封神」臉書粉專。

之。其次要求茶質：好茶入口後茶氣強勁且必得回甘。正如他對近年甚夯的明星茶款「布朗孔雀」的形容：「此茶湯色澄紅透亮，氣味幽香如蘭，口感飽滿純正，圓潤如詩，回味甘醇，齒頰留芳，韻味十足，頓覺如夢似幻，彷彿天上人間，真乃茶中極品」。原來金董文采也不遑多讓，令人沉醉其中。

再者，要看當時氛圍做進出判斷：例如軒轅號出廠時每件5萬人民幣大家都喊貴，他卻毫不猶豫大量買進，果然2021年初一度狂飆至198萬人民幣，令人咋舌；即便現今受景氣影響跌至100萬人民幣，利潤依然可觀。

從此專心做功課深入研究，只購入「大益」的明星茶品，甚至把手中二樓以上的投資房產全賣了，將資金全部投入普洱茶，並在2012年看好大益史上首款號級茶「軒轅號」，從每箱5.6萬人民幣（42餅），一直買到10萬、12萬才停下來，後來果然有數十倍的漲幅，證明他的眼光正確。

其實大益普洱茶百百種，進出有賺有賠，問他為何能精準選茶而立於不敗之地？他說秘訣有三，首先看產地：例如台灣高山茶首選必然來自梨山茶區，而普洱茶出自西雙版納布朗茶區準沒錯，對照近幾年飆漲最兇的幾款茶品如「軒轅號」、「布朗孔雀」等均屬

台灣食品業龍頭海外高層退休
方識得普洱茶真味

台南李宗修

步出高鐵台南站，陽光下閃閃發光的一輛白色賓士E53雙門轎跑車立即吸引了我的目光，正想轉身取出相機，快速捕捉傳聞中直列六缸435匹馬力的猛獸酷炫身影，忽然車主推開車門走出來，笑吟吟開口問「是吳老師嗎？」果然是來接我的「中華茶業協會」李宗修副會長，只是沒想到眼前這一身帥勁的「中年」男子，居然是國內食品業龍頭外派大陸的供應鏈總經理退休，神采奕奕的模樣看來年輕又充滿活力，連大老闆通常有的凸出小腹也沒有，差點讓我跌破眼鏡了。

坐上車，引擎轟隆隆風馳電掣一路來到他的透天電梯別墅，直上頂樓可眺望整個「奇美博物館」園區，三樓且設有恆溫恆濕設備的專屬茶倉，滿坑滿谷的大益明星茶品不僅令人側目，推開門就有陣陣茶香沸沸揚揚撲面而來，讓我「喀嚓喀嚓」猛按快門開啟採訪的序幕。接著到二樓寬敞的茶空間，看他好整以暇煎水備器，並在茶香停駐舌尖包覆

味蕾的同時，聽他娓娓道來投入普洱茶的淵源，身後偌大的魚缸內，三兩隻悠游的熱帶魚正閃亮著藍色夢幻般的光芒。

李總說他2000年就外派到大陸工作，從廣州生產經理職務開始，2005年調任昆山廠，2008年再調昆明廠擔任總廠長，同年調任總部技術部主管，2011年升任總部技術群主管，2015年技術群擴編改名為供應鏈事業群擔任總經理，負責全國建廠及管理事務，「3年內蓋了20幾座廠、管理1萬5千名員工」的豐功偉業讓他頗為自豪，但由於工作繁重、壓力過大導致身體頻頻出現狀況，才毅然申請退休返台。當初小孩一直陪在崑山就讀國際雙語（台商）學校，至今也在寧波

外國學院念到大二了。

返台後的李總少了嚴苛的工作壓力，身體也逐步恢復正常；之後也陸續從事一些投資，直到2018年認識「中華茶業協會」創會會長陳啓村大師後，才開始認識並接觸普洱茶，當時正逢大益普洱茶某些明星茶款起漲狂飆，透過陳大師與好友藝境茶莊主人曾志成幫忙識茶選茶，不僅選對茶品且大多在低點適時進場，輕鬆為自己賺得退休後的幾桶金，讓原本抱持懷疑態度的太座也一起加入，夫妻齊心合璧正式大量進場。尤其2019年加入協會後，大夥前往雲南西雙版納參觀勐海茶廠，對「大益普洱茶」更具信心進而加碼投資。

2018年認識陳啓村大師後，才開始認識並接觸普洱茶，
當時正逢大益普洱茶某些明星茶款起漲狂飆，
透過陳大師與好友藝境茶莊主人曾志成幫忙識茶選茶，
不僅選對茶品且在低點適時進場，輕鬆賺得退休後的幾桶金。

為何專注於「大益」而未曾投入其他品牌？李總說「大益集團」是目前中國銷售及生產規模最大的茶業企業集團，2016年就進入中國品牌價值500強，品牌價值達112.02億人民幣（約台幣488億元），高居茶行業首位；因此他對大益茶的品質及流通性、增值性都深具信心。他以近年2017年在西安隆重發布的「軒轅號」為例，作為歷經上百次勐海茶廠配方試驗、首款「百年老班章古樹茶」，也是「大益」推出的第一款「號級茶」，正如吳遠之總裁最真誠有力的註解「五千年逐中華夢，吾以吾茶敬軒轅」，可說延續清末民初古人的智慧，又集

今日之大成；不僅承載千年以來的人文傳統，更致敬五千年華夏文明。因此成了近年最夯的茶款，也是李總大舉投入的主要原因之一了。

型男海軍飛官
變身千萬收藏家

高雄「餘慶堂珍藏藝術」張國慶

還記得湯姆·克魯斯主演的賣座電影《捍衛戰士》嗎？許多人見到「金釜有限公司——餘慶堂」的型男董事長，第一印象往往會不自覺地浮現同樣瀟灑挺進藍天白雲的壯闊畫面。沒錯，海軍優秀飛官出身，在職進修就讀中山大學EMBA，收藏紫砂壺為自己賺得第一桶金，並在告別25年

職業軍人生涯後大膽創業，成了普洱茶界發光發熱的千萬收藏家，精彩過程與事蹟還被寫入《你的未來有無限可能——中華兩岸EMBA英雄榜》書中，作為有志追夢的朋友們學習的榜樣。

他是張國慶，2016年以每件2.5萬人民幣的價格入手2007年出品的「皇茶一號」10

件，很快就以28萬及44萬市場價先後售出，分別獲利11倍與18倍。2017年再以每件6萬人民幣的價格入手「軒轅號」12件，短短兩年就飆漲至每件最高198萬人民幣的天價，儘管一度跌至102萬人民幣，依然有20倍左右的投資獲利……等，驚人的實例十支手指也數不完，眼光之獨到精準，讓許多資深藏家都由衷佩服。

在「普洱茶界第一美女」陳淑惠的引薦下，我在高雄馬玉山觀光工廠二樓「餘慶堂珍藏藝術」偌大的空間，首次與時尚帥氣又充滿自信的張董碰面。海軍官校1989年班的他說：「無論黑夜或拂曉，跟電影《捍衛戰士》的主角一樣，只要命令一來就得出任務的飛官，絕對是高張力、高風險的工作。」為了紓壓，張董25年前開始品茶賞壺，成了日後創業的根基。讓我想起轟炸機

飛官蛻變為國際知名陶藝大師的陳佐導，60多年來先後以水火同源釉、偲紅挹翠釉、翡翠釉、石紅釉、金砂美人醉釉等，在兩岸乃至全球都享有盛名，同樣也是在緊繃的任務中紓壓的最大解方吧？。

張董說20多年前就開始收藏紫砂壺，當時宜興紫砂泰斗顧景舟每把叫價60～80萬

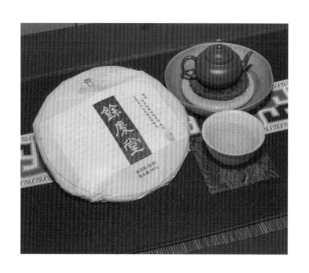

台幣，以一位飛官的收入根本玩不上手。不過，腦筋動得快的他說「買不起顧景舟，買他徒弟的總可以吧？」於是專注收藏徐漢棠、周桂珍、葛陶中等當時還是「弟子」級的作品，剛開始1把只要5～8萬台幣，誰也沒想到十多年後，顧景舟每把壺飆至令人難以置信的1千萬人民幣。

而徒弟的壺也來到200～300萬的價碼，就這樣憑著精準的眼光與過人的膽識，賺進了人生好幾桶金，並以此作為起家的基石。

將起家企業取名為「餘慶堂」，張董說緣於清末的「胡慶餘堂雪記國藥號」，創辦人胡雪巖的「觀察入微、在對的時間做對的決定、將好的商品精準運輸到需要的地方」，以及「戒欺」、「重誠信」的商德懿行，讓同樣堅持誠信立業的張董不僅向最崇敬的紅頂商人致敬，也隱含「積善人家必有餘慶」的期許了。

近年由國營改制為民營後的「勐海茶廠」，連年推出的「大益」普洱茶，不僅市場價值扶搖直上，炙手可熱的獨特產品

海軍優秀飛官出身，在職進修就讀中山大學EMBA，

收藏紫砂壺為自己賺得第一桶金，

並在告別25年職業軍人生涯後大膽創業，

成了普洱茶界發光發熱的千萬收藏家，

CP值高，且價格透明，已成為兩岸「茶市」的熱門投資標的。張董認為只要精準選茶加上長期持有，獲利與增值空間絕對可期，至於如何尋求商機？張董說：「第一是專業，第二是累積豐富的經驗值，第三是跟著市場腳步走，第四是將真正健康的茶飲品推薦給客戶。」而精準選茶首重「茶質」，從品茶到識茶的功課絕不可少，透過不斷的閱讀汲取前人的經驗，結合知識經濟，不停增長個人經歷與智慧，無論茗壺、普洱茶以及最新跨足金融市場的「金釜投資公司」，正是他能始終邁向成功，永遠立於不敗之地的最大因素吧！

製茶、收茶也藏茶的
五星級茶廠主人

新竹「二木茶坊」、「台灣採茶趣」林德欽

梨山有座經行政院農糧署與茶業改良場環境衛生及安全評鑑為「特優五星級」的「2450茶廠」，不僅廠內一塵不染，所有萎凋、殺青、揉捻、乾燥也全為最先進設備，且所有茶品皆通過SGS與TTB農藥殘留檢測。主人林德欽不僅以頂級原料及精湛的製茶工藝聞名，同時也收藏台灣老烏龍以及普洱陳茶，除了自創品牌的「台灣採茶趣」，以及遠赴雲南老班章與曼松等地收購毛茶緊壓製作普洱茶的「二木茶坊」，也藏有不少印級與七子級普洱陳茶，加上近年屢創天價的大益圓茶等，可說是集製茶、收茶、藏茶於一身的「專業茶人」了。

所謂「二木」，其實就是將自己的「林」姓拆開而名。他說每年製作的老班章圓茶「僅需經歷2年取樣沖泡，湯色即已

轉紅，口感更加醇厚，茶湯也很快轉為圓潤」，認為好的普洱大樹茶轉化的速度絕對優於台地茶，無論口感或老韻。因此儘管成本甚高且年年飆漲，但林董始終勇往直前。為了證明他所說的正確性，我特別要求林董將三種不同年份的二木圓茶以每樣3公克的標準秤重沖泡，果然逐年轉化後的口感與喉韻，以及從橙色、深橙色至暗橙色每年不同的湯色表現都令人激賞，且都保留了茶湯飽滿與強勁茶氣等特色，所言的確不虛。

就在我沉浸在茶香餘韻帶來清涼綠意的同時，林董進一步告訴我，茶廠興建於2007年，座落於南投縣仁愛鄉翠華村與台中市和平區交界處，由於海拔高度約為2450公尺，登記時謙虛地以茶廠海拔而不以茶園高度為名，除了期許未來茶廠的不凡與出類拔萃，也不致過於招搖而有「樹大招風」的疑慮吧？

五星級的酒店不稀奇，但你聽過五星

級的茶廠嗎？特優五星級的「2450茶廠」，頂級的原料加上嚴謹精湛的製茶工藝，對茶商或消費者而言，就是台灣最頂級梨山與大禹嶺茶品質的最大保證吧！

除了所有茶品皆通過SGS與TTB「農藥殘留檢測」，還獲得行政院農委會農產品產銷履歷認證，無怪乎價格雖高，依然被來

二木圓茶老班章及湯色表現。

自各地的茶商或直客預定一空。

林董說自己從學生時期就開始喝茶，往往為了喝好茶而到處辛苦打工，只為了能有足夠的金錢買上幾兩好茶過癮。長大後更跑遍全台各茶區、喝遍全台所有茶葉品項，甚至不辭千里前往對岸武夷山、西雙版納等地尋覓好茶或汲取養分，可說是不折不扣的「茶癡」。但也因此積累了許多茶葉相關的知識數據，與獨到的識茶功力，扎實寶貴的經驗更成了日後經營茶廠最大的助益。林董站在全球最高海拔的茶區，始終戰戰兢兢努力打拚，這也是他成功的最大因素吧。

「台灣採茶趣」推出的大禹嶺茶有何魅力，讓兩岸愛茶人趨之若鶩？林德欽說「茶菁質地厚實，霜氣明顯」是其他茶區絕對無法比擬的特色：沖泡後但見透亮中帶出金晃晃的茶湯，一股高海拔獨有的山靈之氣沸沸揚揚直撲而來，待輕啜滑順入口，不僅茶氣穿透性強韌，飽滿的花香果味在口腔中也瞬間生津，毫不遲疑地如漣漪般釋放一波波豐富的層次，綿密、細長而甘醇持久，即便品過三盞，深遠的杯底香氣仍餘韻裊繞，令人口齒留香、回味無窮，說是台灣高山茶中的極品，一點也不為過。

茶中自有黃金屋、茶中自有健康身

彰化「金雲南茶莊」周大豐

本約好在彰化縣永靖鄉的門市碰面，出發前一天忽地以訊息告知，改在鄉間的會館做深入採訪。從台76線員林出口下交流道，沿著縱貫線穿過永靖市區不久，依照導航的指令左轉右轉，瞬間吵醒兩旁成排的樹木，車輛駛入窄小的巷弄之間，「緣溪行，忘路之遠近」，讓人懷疑是否衛星又凸槌了？正在猶豫該不該回頭打電話時，一扇鐵門在眼前豁然開朗，偌大的整片綠色草皮盡頭，一棟仿唐朝三疊水風格外觀的建築在雨後初晴的清新中佇立眼前，點綴多株刻意栽培修剪的迎客松，優雅的庭園造景令人心曠神怡。搖開車窗，蝴蝶飛舞與鳥鳴啁啾同時展開，陽光正灑落深秋如金的輝煌。

進入普洱茶繽紛迷人的世界，「金雲南茶莊」董事長周大豐說自己從年輕時就愛吃海產，結果「32歲時做健康檢查，發現三酸甘油和膽固醇年紀輕輕就異常飆高，當時體重不過60公斤。」驚嚇之餘經友人推薦開始喝普洱茶，居然奇蹟般所有指數都降下來了，從此普洱茶就成了他的最愛，甚至自嘲為「嗜茶如命」、一日不能無茶的「茶癡」了。他滿懷感激地表示「從持續品飲到收藏各年代的普洱茶至今，不僅為自己帶來健康、豐富了人生，也創造了可觀的財富」，可以說「普洱茶改變了我的一生」。他說家族一向有高血壓的遺傳基因，只有他因普洱茶而倖免，尤其喜歡喝20年以上的老茶，至

經營普洱茶20多年，周董很自然的同時做收藏投資與買賣，其中有些早年收藏帶有青澀苦味的普洱生茶，經過悠悠歲月洗禮後轉化成抒揚的茶氣與甘醇，令人驚豔！

於熟茶則至少要1970年代所留下的如73厚磚等。

周董說大約20多年前，大陸經濟尚未全面起飛，品飲普洱茶的風氣不高，因此購入普洱茶不僅便宜且少有贗品，不過台灣南部早期品飲多半以熟茶為主。而自己則偏好年份較久的普洱生茶，尤其是號級古董茶與紅印、綠印等印級茶。所謂「品相不凡、老韻十足，香陳味醇、氣強而化」，16字道盡了現代茶人對號級茶的讚賞與評價，因此真正年份夠老的號級茶，經多年轉化後的茶香必然沉穩幽雅，茶湯質濃豐郁而飽滿，而且每泡茶都有不同的韻味與魅力。

經營普洱茶20多年，周董很自然的同時做收藏投資與買賣，其中有些早年收藏，

帶有青澀苦味的普洱生茶，經過悠悠歲月洗禮後轉化成抒揚的茶氣與甘醇，令人驚豔，無論生熟均可說「越陳越香」，價格也不斷呈等比級數上揚，作為「可以喝的古董」，可說「喝一片，少一片」。具有相當歷史的老茶在市場上越來越少，其飆漲程度更是驚人，例如2007年他第一次售出號稱「普洱茶后」的「雙獅同慶號」古董茶完整筒包，儘管市面已有評價為「香氣柔揚開朗，甜潤非凡；茶質實在，茶韻明朗」，但當時價格不過500萬台幣，十多年後的今天，香港拍賣已高達數千萬天價之譜。

周董說從2007年開始投入「大益」普洱新茶的經營，強調「品飲跟投資絕對是兩回事」，精準選茶購入後，有一定漲幅就脫手部分。不過他也十分務實地表示「茶價往下跌的時候沒人接，往上漲的時候才有人一窩蜂搶進」，倒與股票進出行情相似了。

不過周董說已有三年沒買新茶，新近出品的「倉頡號」上市價太高下不了手。過去1件普洱茶（6筒）以2.3萬人民幣購入，今天已飆漲至91萬。「金雲南茶莊」以批發、做同業生意為主，現在很少做門市，店就是一個點。現貨玩得多，手上還有很多茶。

太陽與鐵般的熱情轉換

新北「如意堂茶業」許慶毅

當代文學大師三島由紀夫在他晚期作品《太陽與鐵》中，認為太陽是肌肉造型的外在榮耀，鐵則是肌肉內涵力量的型態；而人可以將意志與肉體轉換成太陽與鐵的意志，使精神世界裡的所有譬喻都得以成真。現實世界裡，原本從事汽車零件進出口貿易的許慶毅，因緣際會成為普洱達人，彷彿從冰冷的金屬零件轉化為能量十足的普洱圓茶，一如太陽與鐵般的熱情轉換，令人感受他全心投入「如意堂茶業」的堅毅意志。

其實很早就常在Tea For You網站看到「如意堂」茶業熱鬧舉辦飲茶會的消息，仔細點擊進入後發現堂址並非座落人潮熙來攘往的商圈，而幾乎「大隱」於新北市蘆洲區

的靜巷之間，正式設立時間也才剛過10年，茶會卻往往熱鬧非凡、場場爆滿，甚至吸引眾多中南部的茶友或同業買家遠道而來，主人到底有何魅力？我決定前往一探究竟。

果然，倚賴車用導航七彎八拐總算在曲折的小巷中，發現「如意堂」低調的招牌，沒有豪華的裝潢與門市，純粹就是專營普洱茶貿易的辦公室兼倉庫罷了，卻能在網路與業界異軍突起，讓我的好奇心更進一步。親自出門迎接的主人許慶毅看來十分年輕，身材尤其保養頗佳，除了銳利堅定的眼神，親切的笑容很快就讓我們拉近了距離。

許董雖然年輕，對近年大益普洱茶在兩岸狂飆的風起雲湧可一點也不含糊，包括大益茶品必須純乾倉、茶票紙面不得出油、不得包覆保鮮膜……等嚴苛交易規範，其中的眉眉角角都瞭若指掌，也不厭其煩的跟我

一一分享；認為皆非母廠勐海所出，而係同業之間競逐演化的遊戲規則罷了。

許董回憶說，軍中退伍後於1998年在蘆洲經營汽車零件，從事國際貿易，2001年遠赴上海開拓汽車零件事業，由於朋友間往來喝茶而開始認識普洱茶，透過當地茶人推薦而於2010年在上海開設大益加盟店，業務逐漸擴展後，2013年再加開一間加盟店，

2016年由於店員難尋加上個人無法分身，才斷然結束上海的加盟業務。

不過2011年還在上海兩頭忙的同時，許董就看準大益普洱茶在台灣成長的大勢所趨，毅然在新北蘆洲成立「如意堂」貿易公司專營普洱茶，儘管必須當個「空中飛人」經常往返兩岸也不以為苦，當時就是透過Tea For You網站而有不錯的業績，主要客群則多以投資客為主，他說現階段經營的是「投資茶」而非「消費茶」，因此不另覓店面，而以現成的蘆洲貿易辦公室做為營業據點。

針對現階段大益新茶比老茶貴的普遍現象，他舉例說2010～2011年的7542圓茶如今1件僅1～2萬人民幣左右，反觀2020年

2011年還在上海兩頭忙的同時，
許董就看準大益普洱茶在台灣成長的大勢所趨，毅然在新北蘆洲
成立「如意堂」貿易公司專營普洱茶，
儘管必須當個「空中飛人」經常往返兩岸也不以為苦。

新出品的7542出廠價就有2～3萬，市場價最高曾漲到11萬人民幣，儘管最近又跌到4萬多，但早期進場還是有所獲利，至少贏過10年陳期的7542舊茶，完全顛覆過去「普洱茶越陳越香、越放越貴」的鐵律，問他會不會以後大家都不存茶了？引進新茶有所賺頭就趕緊賣了？他笑說「追新捨舊」應是短期（3～5年）的市場扭曲現象，長期（5～50年）而言，應該還是越陳越香越有價值吧？畢竟2000年以前勐海茶廠改制前或改制後出品的7542、8582、88青

餅、雪印青餅等，今天早已奇貨可居、天價難求呢。

贏在起跑點、
縱橫兩岸紫砂與普洱35年的輝煌

高雄「茶順號」鄭義順

普洱茶本源於中國雲南，早年卻風靡於香港，並在從未有過普洱茶產製的台灣發光發熱。近年更在大陸經濟快速崛起的今天，以劇力萬鈞之勢席捲兩岸三地茶業市場。而普洱茶在台灣的萌芽應始於二十世紀80年代以前，但早期大多僅見於港式茶樓所推出的平價飲品，並未造成市場的波瀾。1990年代末期經由資深茶人與文化人的努力推廣，品飲普洱茶的風氣才逐漸興盛，迷人的丰姿熟韻與甘醇徹底改變了人們對普洱茶的看法，開始從人人嗤之以鼻的廉價臭脯茶（雲南稱為「糠味」），搖身一變為兼具養生與收藏致富的珍貴飲品，價格一日千里，讓香港人瞠目結舌，更讓原產地雲南為之捶胸頓足。

所謂「贏在起跑點」甚至更早，高雄資深茶人鄭義順早在1987年就投入紫砂壺與普洱茶的經營，原本門市在高雄哈瑪星西子灣，以「唐立茶業」為商號，1995年遷至三民區陽明路現址，至2009年自創「茶順號」

品牌並做為商號，在雲南各大茶山廣收茶菁製茶，並在西雙版納傣族自治州勐臘縣易武鎮蒸壓成餅包裝，全程親自監督製造，「生普為主，熟茶少許」，今天也陸續有著大葉種古樹白茶或古樹紅茶的製作推出。

目前陸續展開接班佈局的第二代鄭兆哲說，「茶順號」早年以收購普洱陳茶開始，包括今天已飆漲至天價的號級、印級、七子級等都曾大量經手、品飲與販售，1998

年開始推動海茶廠改制前的「大益」新茶，今天也有一定年份與高價了。年紀雖輕卻一副穩健幹練的他表示，自己從高中時期有空檔就幫忙家裡並努力學習，大學畢業前即已服完兵役，2016年畢業後全心邊學邊接班，近年也不斷親身前往雲南各大山頭監督收茶製茶，對於識茶選茶也有一定的心得，讓人感受「英雄出少年」的氣魄，可說是「虎父虎子」了。他語重心長地告訴我「茶葉喝到肚子裡的才是自己的，無論何處的茶款都有好茶」，而「讓大家都能喝上一口好茶」就是「茶順號」最大的心願。

抵達陽明路茶順號不算太大的門市，牆上櫃上展示的茶品卻琳瑯滿目，鄭義順董事長取出書法家題字的壬辰（2012）年易武洪水河、「茶順號」茶餅沖泡分享，小心翼翼撥開完封的茶票紙，但見餅面油亮且紋理清晰，條索肥碩粗壯且分佈均勻，茶菁鮮嫩肥厚，一眼就可認出手工製作且曬青足夠的

鑿痕。儘管陳期只有10年，湯色已呈現泛紅的濃亮清澈，湯面還會蕩漾微微湯暈，不斷反射餅面的繽紛，入口後不僅醇厚黏稠，且回甘清甜而持久，舌底生津，杯底香尤其明顯，絲毫不帶苦澀的滋味令人回味再三。讓我好奇「是否自家在雲南設有粗製廠？或僅

與當地茶農合作收購毛茶？」鄭董說2010年曾一度設有粗製廠，至2013年中才改轉換與茶農合作至今，且所有茶品均以鐵鍋手炒、傳統石磨壓製，無怪乎茶品山野氣韻強且湯質飽滿，顯然鄭董父子在雲南下足功夫了。

之前訪問過的「中華茶業協會」副會長或理監事們，近年多有投資收藏大益普洱茶而翻倍獲利的經驗，茶順號自然也不例外。以2003金大益、「銀大益」為例，鄭董說當時收購金大益單餅僅約13元人民幣、銀大益301，1餅則約僅16元人民幣，至2021年高峰時期金大益飆漲至每餅38,000人民幣左右（1件約320萬人民幣），銀大益則飆漲至每餅27,000人民幣左右（1件約230萬人民幣），2000倍的獲利委實驚人。

隨後，鄭董再取出一餅全部以紅色印刷字體的「茶順號」普洱圓茶，外包茶票紙與其他全由書法家「柏堂」落款題字的品項全然不同，鄭董解釋說其上的「初壹茶品有限公司」是女兒公司的新創品牌「十本初壹」，原料則為自家供應，而商標則寓意

深遠：設計概念以他姓名最後一字「順」為基底突顯茶事業，整體圖案明顯可見「東西貫九州、南北串八川、希望茶業（葉）遍地開花」的意涵，並呈現「九塊土地、八個缺口」的明朗意象。

鄭兆哲進一步補充說：「十本初壹」較偏向文創精緻商品，走向年輕客群，並以茶包、茶食等文創禮盒表現。正如粉專開宗明義所說：「『十本初壹』故事起源於1987年的老字號茶葉專家，二代傳承，用精品方式延續歷經40年的茶金歲月風韻。其實，品茶不是落於俗套的附庸風雅表面彰顯，而是透過靜下心的沉澱，藉由專家帶領感受純粹讓我們領會細緻的茶香、茶湯與不同香氣的迸發。藉由這樣的感受，進而傳承文化，並聆聽自己與內心的對話」。壯哉斯言矣，相信已經縱橫兩岸紫砂與普洱茶界35年的「茶順號」，必將如門市大廳懸掛的對聯「茶雅生韻、順性養心」一樣，愈發茁壯而繼續引領風騷。

從台灣勇敢西進、從女裝與化妝品
到創建自己的普洱王國

深圳「普茶莊」徐飛鵬

原本1992年從台灣前往大陸經商，經營的是女裝與化妝品這兩項生意，卻因為愛上普洱茶，而在2003年開始投入普洱茶事業，他是「普茶莊」董事長徐飛鵬，一路走來儘管漲跌互見，至今已卓然有成，還受邀擔任深圳茶協會以及茶葉促進會的高級顧問，經常幫會員上課講解老茶與新茶，令人不由得豎起大拇指。

徐董回憶說自己是台灣人，從小就有喝茶的習慣，1997年到深圳時也試著「找茶」，從杭州龍井、武夷岩茶到普洱茶都喝過，感覺普洱茶應該是個商機，因為它可以陳放，一般茶葉「以鮮為貴」，但普洱茶卻是「越陳越香」，越放越有價值。

起心動念之後，2003年就開始往雲南跑，購入許多普洱茶來試，同時也收藏，當時也買賣一些陳年普洱茶，以及部分新茶。2003年與台灣過去的某位普洱達人結識，當時就一起合作正式開店經營，由徐董註冊商號為「普茶莊」，原本只是在樓上的小工作室，直到2004年才設立店面，儘管2006年兩人分道揚鑣，「普茶莊」依然勇健地成長茁壯至今。

 徐董說自己是台灣人，從小就有喝茶的習慣，
1997年到深圳時試著「找茶」，從杭州龍井、武夷岩茶到普洱茶，
感覺普洱茶應該是個商機，
因為它可以陳放，是「越陳越香」，越放越有價值。

　　徐董於2004年開始做連鎖店，範圍還包括東莞、深圳甚至北京等地，光是深圳一地總數就高達十多家，未料2007年普洱茶一度崩盤，才將連鎖店都收掉，只留下一個店面做零售兼批發普洱老茶、新茶等。

　　普茶莊經營「大益」新茶較少，大部分是普洱老茶及自家訂製茶，多數訂製茶都是出自「昌泰茶廠」的早期產品。他說大益新茶現在被定義為金融產品，在大陸市場幾乎沒有消耗，被關注的只有每日價格走勢，已經背離了普洱茶作為飲品的這一屬性。徐董自己始終以茶葉品飲為主要方向，品嚐茶葉隨著時間的轉變，又實現茶葉的增值，一

舉兩得。近兩三年來，新冠疫情帶給我們了衝擊和反思，追求健康的生活方式是越來越多人的訴求，健康的茶飲也越來越廣泛地走進我們的生活。但他也客觀地表示，存在即合理，將風險告知客戶，好與不好則見仁見智了。

　　普茶莊目前的經營主要分成兩個大方向。一為傳統餅茶的銷售，上至古董茶印級茶，下至走少量精品路線的新茶訂製，並推出專業課程教學，讓更多人學習普洱茶。另一為當下流行的小罐包裝茶系列，自有品牌「號悟空」有20多款產品，涵蓋從10幾年到30幾年不等陳期的普洱茶，旨在推廣便捷的

飲茶方式，以擴大年輕消費者市場，目前線上線下均有銷售。

徐董說近年在雲南各大茶山承包了一些較大茶樹，包括100多棵千年以上的茶樹，在無量山也有較大的初製所，每年僅做一季春茶，大約4、500公斤，成本較高，但他說現階段找大樹茶的人很多，價格也越來越高，因此潛力頗大，目前且已累積數百噸的大樹茶，加上早年經營連鎖店留下許多茶品，因此手上的茶很多，正是他立於不敗之地的最大資產了。

徐董說，經營普洱茶這些年來，一路看著有些茶葉如坐火箭般的價格飆升。如96紫大益，早期買1餅只要幾千元人民幣，現在少說也要十幾萬。還有很多中茶老茶，如8582、7542，價格與當初相比已翻升百倍。至於中共建國第一餅的「紅印」圓茶，早年曾以7000人民幣出手，如今市場已喊至百萬以上，令人咋舌。

而較多獲利的依然是自己看好的一些常態古樹茶，如「九九易昌號」在2003年時以30幾元人民幣一片售出，今天1餅已經5、6萬元了，漲幅驚人。

驚豔千件以上建盞
與專屬木箱封簽藏茶

高雄「旭品茗茶」郭德厚

很難想像在高雄前金區不算太大的「旭品茗茶」門市，除了琳瑯滿目的普洱茶、紫砂壺，還藏有超過一千多件、數量驚人的「建盞」吧？建盞又稱做星盞、烏泥建、黑建、紫建等，「建」指的是宋代建州的「建窯」，在今日福建省建陽一帶。當年底部刻有「供禦」、「進盞」字銘的建盞，就是專為宋代宮廷鬥茶燒製的貢品。特色是在燒製時，經由窯變在釉面上形成絢麗多姿的花紋，尤以兔毛般的「兔毫盞」最具價值：經由不同流速而在黑釉中透出褐黃、藍綠等細長如兔毫狀的流紋，堪稱建盞的極品。此外尚有油滴盞與鷓鴣斑盞，前者在黑色釉面上散佈銀灰色晶圓點；後者則有如鷓鴣背羽上的斑點，同樣極其珍貴。

建盞東傳日本後稱為「天目碗」，源於日本禪師前往宋代中國取經時，從江南的天目山所帶回，至今在日本仍普遍尊為茶道的至寶。主人郭董說他兔毫、油滴、鷓鴣、烏金、曜變以及近年甚夯的「木葉天目」等

> 「建盞」東傳日本後稱為「天目碗」，
> 源於日本禪師前往宋代中國取經時，
> 從江南的天目山所帶回，至今在日本仍普遍尊為茶道的至寶。

都非常齊全，且全部來自建陽，反而沒有任何1件台灣陶藝家的作品，因此絕對能冠以「建盞」之名。看著櫥窗內如閱兵般嚴整羅列的大大小小建盞，在LED燈的照拂下，不僅點點光輝閃爍變化，不同的炫麗釉色與造型更令人眼睛為之一亮，讓來客都驚豔不已。

郭董店內還有一項非常特殊的設置，就是除了溫溼度控制的倉庫外，還有一個個堆疊排列的木箱，均為原木專屬訂製控溫控溼，每個木箱內均裝有來自雲南西雙版納易武等地的普洱古樹散茶，再一一貼上封簽貯藏，由於成本甚高且頗佔空間，一般極少有店家願意做，郭董解釋說：主要為了精確瞭解各大山頭或山寨不同茶品滋味與特色，才能精準判斷「大益」茶的用料水平及茶區的正確性，可說煞費苦心了。

郭董說1999年前往大陸東莞經營鞋業銷售，當時因有喝茶的習慣，因而在當地茶行尋找合適的茶來品飲，原本喝的多為熟普，逐漸發現乾倉貯藏生茶產生的多變性與期待性，進而從單純的品飲跨入收藏，再進一步從個人品味喜好尋求市場定位與觀點。儘管直到2009年才開始以網路行銷普洱茶，至2011年才深入廣州芳村瞭解整個茶葉市場生態，逐漸從一般廠牌到下關茶、再調整

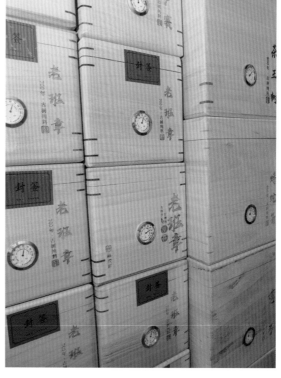

為改制後的勐海茶廠「大益」茶為主。他表示勐海茶廠國營歷史的傳承，加上文化的洗禮，以及歷任廠長優化茶藝的拼配技術，作為普洱第一品牌絕對值得專注投入。因此目前大益茶與古樹茶同樣長期貯藏，但大益的數量配置就佔了8成以上。

對於有心投入普洱茶經營的朋友，郭董說：「基本上對茶一定要有喜好、要有興趣，且願意持續學習深入研究茶的本質。」而且「選對好茶，以價值投資買入存放，千萬不要追高殺低，失去愛茶的初心，喝上喜歡的茶，存上喜歡的茶才是王道。」作為投資普洱茶的第一步，值得所有愛茶人深思。

離去前郭董特別取來些許老班章散茶置入建盞

黑釉沖泡，但見沸水從曙光乍現的開口進入，經過內緣星綻的琥珀，到碗底深邃的炫黑；在兔毫輕煙升起的淡淡茶香中，水光粼粼為花紋結晶更添幾分嫵媚。時光彷彿瞬間回到宋代宮廷，雖非點茶，也沒有鬥茶時黑釉與雪白湯花相互輝映的「咬盞」，但湯質飽滿的山野氣韻也讓我深深沉醉了。

十數座茶倉琳瑯滿目的
普洱茶與黑茶初探

新北「冠臣茶業」王冠臣

很難想像在新北市永和區不算特別繁華的秀朗路上，會有如此專業且收藏豐富並涵蓋所有茶品的專賣店，主人在普洱茶界可是赫赫有名：1987年就投入茶界、1990年代進入廣州芳村、2000年後深入雲南……，從早期號級、印級、七子級到今天價格狂飆的大益普洱圓茶，不僅兩岸加起來有大大小小十多個倉庫，其他黑茶或烏龍茶如陳期超過40年的茯磚茶、千兩茶；或台灣高山茶、武夷岩茶、鳳凰單欉；甚至兩岸名家的紫砂或朱泥壺等也不在少數，目前也擔任「中華茶業協會」副會長的「冠臣茶業」王冠臣，行事卻十分低調與謙虛，一身簡單的穿著和隨時掛在臉上的笑容，令人感到無比的熱情與親和力。

拗不過我的請求，王董就近帶我參觀了幾個茶倉，層層疊疊堆積滿滿的普洱茶與各式黑茶令人印象深刻。知道我平常品飲不少普洱陳茶，王董特別來個不一樣的：取出印有「各民族團結起來」的四川方包茯磚茶，與廣西壯族自治區梧州茯茶，兩款目前較為罕見的黑茶沖泡，從早已褪色的民族圖像來看，應該「年紀」都不輕了，果然拆開斑剝不堪的牛皮紙，但見黑褐色的磚面已帶

有歲月的油光，一股檀木香氣幽然浮現，且兩者開湯後都呈現深沉的栗紅色，難得的是湯紅不濁，也有評鑑老茯磚最高標準的「香清不粗、味厚不澀」，入口厚實的甘醇與強勁口感更令人回味。

其實我看過許多資深茶人或店家的收藏，如果光以老茯磚茶來說，王董的數量與品項應該是我所見過最多的了。從1950年代中共建國之初、外包紙早已斑剝不堪的「民族大團結」圖樣，到1970年代彩色或黑白、或大或小的「方包茶」，或「四川灌縣」出品印有藏文的老茯磚、或1970年清楚標示「湖北趙李橋」出品的「米磚茶」、廣西梧州出品的茯磚茶等，可說滿坑滿谷、應有盡有，讓我大開眼界。

話說茯磚茶早期稱為「湖茶」，約在1860年前後問世。當時用湖南所產的黑毛茶

踩壓成90公斤1塊的篾簍大包，運往陝西涇陽緊壓成磚，因此又稱「涇陽磚」，今日茯磚茶則多集中在湖南益陽與陝西咸陽等地產製。茯磚茶壓製要經過原料處理、蒸氣渥堆、壓製定型、發花乾燥等工序，與黑磚茶或花磚茶大至相同，不同點在於磚形的厚

茯磚茶早期稱為「湖茶」，約在1860年前後問世。
當時用湖南所產的黑毛茶踩壓成90公斤/塊的篾簍大包，
運往陝西涇陽緊壓成磚，因此又稱「涇陽磚」，
今日茯磚茶則多集中在湖南益陽與陝西咸陽等地產製。

據說今天在中國已得到醫學界理論與臨床試驗的驗證。

王董也曾於2005年前後，在雲南瀾滄、易武等地製作古樹茶，還可「客製化」接受訂製，例如印有新人著古裝拍攝的婚紗照、喜氣洋洋包裝的「厚工」珍藏餅，還有中英文標示的TEA GIFT與「品味中國傳統文化」字樣，推出後也廣受年輕朋友歡迎。

我特別請王董以他珍藏的朱泥壺，沖泡他2005年在雲南西雙版納易武所親自監督製作的古樹茶，小心翼翼拆開手工蓋印「雲南正山古樹普洱」的茶票紙，歷經17年悠悠歲月的加持，依然純淨無雜氣，果然是乾倉陳放，卻已有不錯的陳化表現：保留了易武陽光飽滿的山頭氣，開湯後不僅有明顯的老韻，栗紅色的湯色鮮濃亮麗通透且充滿強勁活力，濃郁的野樟香沉穩而悠長，回吐的喉韻更在舌尖如漣漪般擴散，陳香、水滑、醇厚、氣足可說無一不足，飲罷更有一股醇厚的山靈之氣在舌尖與喉間迴盪，讓我不禁回味再三。

度。由於茯磚特有的「發花」工序，磚體必須鬆緊適度，便於微生物的繁殖活動，且為了促使發「金花」，緊壓後往往先行包裝，再送進烘房烘乾，烘期也比黑磚或花磚長一倍以上。而「金花菌」長久以來口耳相傳的降血脂、降血糖、抗氧化、抗衰老等功效，

因茶而興的快樂收藏家

嘉義「百德大益普洱茶莊」許富銘

1996年以後，大量的陳年普洱茶從香港流向台灣，帶動了整個市場的蓬勃發展。而後更隨著中國加速經改開放的腳步，私營茶廠紛紛崛起，普洱茶從此進入群雄並起、新茶激烈競爭的局面。國營大廠因此受到連番衝擊而紛紛不支倒地，先是「昆明茶廠」於1994年宣告結束，「下關茶廠」也

在2004年4月經公開拍賣轉為私營企業。而「勐海茶廠」儘管於1994年啟用「大益」全新品牌力圖振作，仍不免在2004年10月轉為民營。

不過，新一代的總裁吳遠之先生可沒讓愛茶人、店家與收藏家失望，改制接掌「勐海茶廠」後勵精圖治，推出「大益」各

款明星茶品屢創價格的高峰，也造就不少因茶而興、或因茶致富的業餘或專業藏家，嘉義的許富銘就是其中一位。

　　初見開朗且大氣的許董，頗有電視上常見的大俠風範，言語中也不自覺地流露出豁達處世的態度。儘管家中並未像其他的普洱藏家一樣，有滿屋滿坑滿谷的普洱茶收藏，但櫥櫃上標示清楚作為品飲之用的少數幾片茶餅，以及房間內取出讓我拍照的整箱或單片大益新茶，包括「雲起」、「蘭韻」、「山韻」等，可都是近年炙手可熱的茶品，他笑瞇瞇地招呼我們坐下泡茶，親切的笑容很快就拉近彼此的距離。

　　許董說他從2012年開始投入普洱茶，謙虛地說自己是「新手」、「普洱茶界的小咖」，手上沒有陳年老茶，但還是有收90年代到現在的茶。只因為對普洱茶有興趣，認為投資收藏是不錯且非常健康的一個行業，

喜歡茶就是喜歡投資，因此慢慢收慢慢藏，目前在廣州芳村開了家店，跟多年好友「伯峰茶業」的沈伯峰一起做，店面跟沈董在一

> 許董說他從2012年開始投入普洱茶，
> 謙虛地說自己是「新手」、「普洱茶界的小咖」，
> 手上沒有陳年老茶，但還是有收90年代到現在的茶。

起，但投資收藏的茶品則不在一起，而他大多數的茶品收藏都放在該處。

許董說廣州芳村的店由兒子專職坐鎮，受疫情影響，今年業務從3月冷清到現在，但他以堅定的語氣告訴我，下一波普洱茶還會漲上去，跟股票不太一樣。談到個人的投資理念，他說普洱茶放一部分，經過5年、10年變老茶就能顯著獲利，茶只是一部分。至今接觸到普洱茶的投報率很高，資金又不用準備太多，比土地投資好。不過他也表示近一兩年推出的新茶太貴，讓人無法下手，例如2021年高價推出的「倉頡號」就沒有購入，他說還不如收17「金大益」、「孔雀」系列等。

　　許董表示早先前就是跟著朋友購入普洱茶，無論品飲或投資效益都不錯，因此就慢慢加大了。但他說不敢投資「下關」中茶，因為不是自己熟悉的區塊。他舉例說台灣梨山的「雪烏龍」1斤5、6000元甚至上萬元，消費者就不會想買了。就「品飲」來說，他還是喜歡較老的茶吧。

　　許董說他個人收最多的是大益的「蘭韻」、「雲起」跟「山韻」，投資觀念跟一般店家不盡相同，本來就是跟大陸一起做「蘭韻」這款茶，因為這款茶的氛圍有所改變，新茶進來，投資方向改變。與其投資倉頡號，起初1桶7萬人民幣，短時間漲至15萬人民幣接著又跌而起伏不定，不如投資17「金大益」。他笑說手上「蘭韻」最多，市場卻沒有炒起來，而2018年以上新茶進來都經過期貨市場多空交戰，操作空間越來越受限，現階段只能做個單純快樂的收藏家了。

義大利學成返台
家具達人變身普洱大藏家

高雄 許榮富

沿著風光明媚的澄清湖一路前行，碧波蕩漾的湖面令人游目騁懷，忍不住打開車窗讓微風輕拂，一路幫忙開車的帥哥羅鈺閎在澄湖路的一處透天別墅門口停了下來，推開門，但見設計前衛的家具搭配宗教色彩濃厚的幾尊佛像，主牆上以4片約1公斤的普洱圓茶裝置的壁飾，以及櫥櫃上擺滿的大小陶甕茶倉，都恰如其分的融入華而不俗的客廳，令人感到無比的寧靜恬適。主人許董親切地招呼我們坐下，早已煎水備妥茶器的嫂子則嫻熟地以蓋杯瀹茶，白瓷茶海上有「見喜東舍」水轉印中英文對照的明顯文字，引我好奇，也讓許董就此打開了話匣子娓娓道來。

原來許董自幼生長在大型的家具世家，長大後自然順理成章繼承了龐大的家業，公司則更名為「一二三家具」，還特別把星雲大師親題的「一二三四」墨寶給「請」了回來。只是當時台灣的家具多半還停留在舊時代的風格，因此他毅然排除萬

難，遠赴義大利學習家具設計，返台後不僅自行設計出許多顛覆傳統且兼具時尚品味的家具，也大量進口義大利家具，而在當時掀起一股義式家具風潮，他頗為自得地表示：1990年代初期到2000多年間堪稱南台灣最大的家具公司，也是南台灣進口家具的霸主；當時就連北部許多店家都紛紛前來批發載回北部銷售，名氣之大可以想見。

許董回憶說：2008年在大陸跟朋友合資設廠，後來因前妻過世，才黯然離開返台，回台後專心經營家具事業，並跟幾家工廠合作設計家具。為了紀念前妻，2011年他同時開設了「見喜東舍」素食懷石料理，

白色茶海與蓋杯就是當時訂製的茶具。直至2016年因緣際會接觸並開始投資收藏普洱茶，才將兩項事業結束，但至今還經常幫老客戶做室內設計及設計家具，「家具達人」的稱號可絕非浪得虛名呢。

不過，許董說自己一直都是「投資者」或「收藏家」的角色，儘管經常會有很多買家慕名而來，但大多無私地請別人幫忙銷售，讓利予大家都有錢賺。例如他與「火鳥龍」經營者的汪董就有共同投資普洱茶，並感佩他對台灣茶的專注投入與堅持，因此也熱心參與經銷汪董總代理的「火鳥龍」與自創品牌的「自然好茶」。

 許董說自己一直都是「投資者」或「收藏家」的角色，
儘管經常會有很多買家慕名而來，
但大多無私地請別人幫忙銷售，讓利予大家都有錢賺。

茶桌上還有許董自創品牌的「富玉」跟「珍喜」普洱茶，許董說「富玉」取自自己的名字「許榮富」，而「珍喜」則是因茶結緣、氣質出眾，今日為我們細心瀹茶的嫂子黃玉珍，說著說著，臉上不自覺地洋溢滿滿的幸福感，顯然也應驗資深茶人所說的「茶中自有顏如玉」了。

大家談得開心，許董特別取出1930年代的末代「猛景緊茶」分享，蟾蜍皮狀的老皺紋面在燈光下，依然能明顯感受喬木老樹的茶菁。他表示猛景緊茶絕對是採老茶樹曬青生茶而製成，只是老葉較多且摻雜有梗條，而顯得乾硬瘦薄罷了。且或許是長期乾燥貯藏使然，乾透的茶品握在手中感覺十分輕盈，不過沖泡後茶葉卻膨脹飽滿，且還原為新鮮的栗紅色，活脫脫的彈性更使得茶湯充滿強勁的活力，在杯中不斷散發淡淡的樟氣茶香，絲毫未見老茶的疲態，讓我大感驚奇。

靜巷中的普洱茶大藏家

彰化「東易茶行」何遵民

跟著導航一路左轉右轉，總算在一處空曠的廣場把車停下，正思考要往那個方向前行，一位慈眉善目的老太太經過，不待我們開口，就笑盈盈地問道：「要找普洱茶嗎？喏！往這邊進入就能看到囉。」趕忙說聲謝謝就往裡面走，果然不到半分鐘就瞧見偌大的「普洱茶」招牌，按了門鈴推開像是住家的大門，貨架上、櫥窗裡、地面上滿坑滿谷的茶品卻讓人難以想像，如此不起眼的外觀，規模卻絲毫不遜於商圈常見的店面，而且還大得多了。

待何遵民董事長親切地招呼我們坐下，這才知道剛剛引路的老太太是他的母親，而原本在台中鬧區偌大的門市，也因為媽媽年紀大了，才特別搬回彰化辭修路靜巷的老家，儘管業務不免影響，但得以就近照顧母親「才是最大的幸福吧。」之前就聽聞過何董伉儷都是出名的孝順，今日總算見識

到了。

何董說40多年前就開始接觸普洱茶，可說非常「資深」了，他說早年大家對普洱茶普遍不熟悉，除了經常被汙名化「臭脯茶」外，價格自然也十分親民，不似今日的飆漲天價。1990年代中期先在台中市做古董拍賣，「順便」經營普洱茶，沒想到成了今天的主力與畢生事業。而正式開店是在2000年之前，當時在台中以「東藝行」之名兼營

批發與零售，在同業之間可說赫赫有名。

　　事實上，從2005年10月，中國「神州六號」火箭升空，兼程攜帶了6公克的普洱茶同往，成為人類茶葉史上首度邁入太空的茶品。緊接著在「老舍茶館」，浩浩蕩蕩從雲南普洱古府出發，經昆明、成都、西安、太原抵達北京的「馬幫茶道、瑞貢京城」活動，從此之後更屢創普洱茶拍賣的新天價，成為全球媒體矚目的焦點。

　　因此何董說早年普洱茶由香港進貨，從號級、印級到七子級都有，2004年勐海茶廠改制為民營後，才開始大量引進「大益」茶品。由於為人親切好客，因此客人都很固定，大家互相知道有什麼茶，互相購買。儘管從繁華的台中市區遷至毫不起眼的彰化靜巷，但往來的都是熟客，可以品飲可以投資收藏的普洱茶可說始終「貨暢其流」，甚至在台中幾家大型餐廳都可以看見他的茶品，

且多放在最顯眼的位置展售，顯然何董不僅以孝順聞名，做人交友也十分成功吧。

何董說真正要買賣還是要回歸大陸，他說前年開始茶價都一次到位，有貨就賣，但卻從「招財進寶」開始就虧錢，購入時18萬已降至4、5萬，所幸手上僅餘剩2、3件。不過他也表示自己投入普洱茶事業已逾40年，普洱茶歷經多次洗牌與漲跌，可說越挫越勇。他說現階段尚非最高點，還會更高是可以預期的，因為原物料一直在上漲，現在不收以後會更貴。

其實人類自有茶的歷史以來，從來沒有一種茶類，能夠像普洱茶那樣，或緊壓成形、或散裝沖煮、或研磨成膏，充滿豐富多樣的型制、品項與典故。儘管許多年來飽受扭曲、誤解、攻訐，或兩極化的褒貶毀譽；卻能不斷浴火重生，在二十一世紀成為兼具品飲、養生、典藏的茶品，甚至還成了部分人理財投資的工具，所成就的多彩炫燦與驚奇，至今尚無任何一種茶品得以超越，這也是何董面對普洱茶近年的漲跌起伏，始終深具信心的最大主因吧。

回歸自然田野
深耕東方飲茶文化與生活美學

台中「雅園溏」張秀如

＿＿位茶界奇女子，多年前以「深耕東方飲茶文化，著眼東方藝術與生活美學，致力打造頂級茗品。」為主題，在台中市西屯區寧夏東七街成立「漉品」茶空間，除了琳瑯滿目的藏茶與藝術品，一樓還兼作茶道、花藝、書法、香席等教學活動，二樓更有繽紛多彩的珠寶首飾展示，讓來客在美學與藝術的空間沉醉自己、放鬆身心。

　　她是張秀如，一個充滿藝術思維且氣質出眾的資深茶人，2021年且更上層樓，回到遠離塵囂喧嚷的家鄉——台中新社，在自家土地上打造全新的「雅園漉」，以回歸親

近自然田野的風貌，在一片偌大的竹籬環抱中，建構濃濃人文與禪風氣息的茶空間，包括宛如超現實主義大師達利的造型的泥屋

談起與普洱茶的淵源，張董說自己祖籍廣州，
童年就跟著祖父和父親喝普洱茶；
小時候父親常會帶她去茶樓飲茶，點的也都是普洱茶。

茶座、蓮花池畔高聳的綠樹與錯落其中的水上、空中茶亭，還有老祖母留下的紅磚爐灶等。

此外，主建築內讓人想起草間彌生無數圓形竹結構成的茶牆、可以將雙足泡在水中淪茶的方桌、大型布簾投影的落英繽紛等，無不令人驚嘆主人的巧思。琳瑯滿目的茶品除了導入現代栽種技術與茶農契作的台灣名茶，店內最多的當然是近年紅遍兩岸的老、中、青各款普洱名茶，而名家手作的各款茶器與畫作也不在少數。

其實台中新社蜿蜒的山路密林之中，聚集了為數甚多且風格各異的餐廳，都曾在我的《台灣喫茶》暢銷大書中熱鬧呈現，「雅園溏」則不僅以茶、蔬食等作為區隔，同時開辦茶道、花藝、書法、國畫、古琴、香席等課程，希望藉由藝術文化傳遞交流，用珍藏古書的概念涵藏茶香，展現生活藝術的美好縮影。將空間縈繞茶香，奉茶時間留給親愛的友人，用品一盞茶的雅緻與蘊藏，體現深厚迷人的文化底蘊。

偌大的一整片牆上由近百片茶餅構成的普洱茶世界，大多是近年在資本市場風起雲湧的「大益」普洱茶，從7542+7572唱片版圓茶到千羽孔雀、軒轅號、雲起等明星茶品均未缺席，當然也不乏同興號、簡體中

茶、水藍印青餅等珍藏的號級、印級與七子級諸多陳年普洱。張董語重心長地表示，希望「喝茶不再只是日常，而是將其融入現代茶食美學」，令人激賞。

談起與普洱茶的淵源，張董說自己祖籍廣州，童年就跟著祖父和父親喝普洱茶；小時候父親常會帶她去茶樓飲茶，點的也都是普洱茶。直到1997年她移民加拿大，鄰居很多是香港移民，經常會帶些普洱茶跟她分享，她也傻傻的買了一些。2000年父親病重，用貨櫃把茶帶回台灣，2012年父親過世後，張董說有這麼多的普洱茶「不如就來經營一個茶空間」，因此2014年就成立了「雅園溏」，茶品取名「漩品」。她說手上很多老茶都是早年從香港購入，包括許多紫砂老

壺。而「大益」跟「中茶」則早在旅居加拿大時就多有收購；店內還有臨滄「鳳慶茶廠」的茶膏，也是從加拿大帶回來。

張董說2016年「大益」來台灣教普洱茶，才真正接觸到「大益」。當時感覺好奇，就報名參加上課，三階時還親自前往雲南西雙版納勐海茶廠，考上了「大益三階茶道師」。

至於早年收購的號級與印級古董茶，當時也邊喝邊送人，沒有人知道今天會飆漲至千倍的天價。她自己則特別喜歡「廖福散茶」與「萬字散茶」，覺得無論口感或熟韻都勝過茶餅，而影響她最深的也是這兩款茶，不過所剩也不多了。

佔地一公頃的
兩岸茶文化交流第一站

桃園「隨緣茶人文藝術園區」邱國雄

「在車水馬龍的中壢鬧區，看似茶行又像陶館的『隨緣陶藝』，主人邱國雄說最早創立於1990年，經營宜興紫砂壺及普洱茶。1994年進入中國陶都宜興與各作家合作推廣名家壺，同時也從香港引進普洱茶在台灣市場雙管齊下，經營得有聲有色，慢慢擴大茶與壺領域，進而深入雲南各大茶山名寨，生產普洱茶行銷至東南亞諸國，更走遍閩北（武夷山）、閩南（安溪）鐵觀音等中國十大名茶區域，從此奠下隨緣茶業穩定的根基。……」

這是2005及2006年，我為《民生報》撰寫《台灣找茶》與《普洱找茶》兩本書，採訪當時立足桃園市中壢區「隨緣茶藝」的部分文字。十多年不見，邱國雄於桃園市龍潭區開創「隨緣茶人文藝術園區」，經營十級茶產業，從茶園管理、製茶、包裝、行銷、文創、教學、觀光、健康養生、心靈饗宴，到最高層次的「茶禪一味」，完整體現一條龍的茶產業，業界鮮有出其右者。

邱董說面對兩岸三地茶文化交流頻繁，不僅考量國際機場近在咫尺，還緊鄰即將開幕的「台灣客家茶文化館」，作為實體茶產業的一個基地，或兩岸茶文化交流第一站的空間，絕對有其必要。而佔地1,000坪

「隨緣茶人文藝術園區」經營十級茶產業，
從茶園管理、製茶、包裝、行銷、文創、教學、觀光、
健康養生、心靈饗宴，到最高層次的「茶禪一味」，
完整體現一條龍的茶產業，業界鮮有出其右者。

的茶園，種植以有機認證的台茶12號與18號為主，此外也加入產銷班，能有多樣及多量的茶菁配合，目前在龍潭地區主要產製東方美人、番庄烏龍、紅茶及有機白茶。

　　30年來頻繁往來對岸，邱董經營宜興紫砂壺及雲南普洱茶，多年下來自己也收藏了不少普洱老茶，品飲過許多老茶包括號級、印級與早期的七子級茶；以及1950年代的千兩茶及六堡、茯磚茶。加上宜興紫砂名家何道洪、周桂珍、高振宇作品，可說彌足珍貴。他也感念前人把茶做得這麼好，因此在台灣特別建立一座倉儲藏茶。

　　邱董對茶品的要求與堅持，同樣表現在他從2000年開始深入雲南各大茶山，所製作自創品牌的「雙龍號」，22年來從未間斷，即便近三年疫情攪局，他也排除萬難持續推出年度茶品，令人感佩。其實早在2005年我首次前往採訪，邱董就以當年的「雙龍號」普洱茶分享，十多年後的今天，邱董再度取出了相同年份的茶品沖泡，拆開茶票紙

後但見茶面條索勻整油亮，歷經17年悠悠歲月依然散發陽光飽滿的山頭氣，緊結肥嫩的條索在純銀茶則上凜然透出褐綠泛黑的油光，開湯後亮黃通透，入口後說不出的溫潤、黏稠與甘醇，花果香尤其明顯，難得的是強勁的茶氣與回甘持久，堪稱可以藏諸名山的普洱青餅了。

　　邱董說第一餅「雙龍號」是自己前往西雙版納易武，找到張毅老鄉長所做的400公克的圓茶，當時並無包裝，直至2002年才正式推出自家包裝的「雲南雙龍號」，之前多採純料，2008年才開始轉做拼配，先在各山頭粗製毛茶，再到勐海拼配壓製，每年大約10～20公噸，全部為手工蒸壓、石磨壓製。而近年白茶當道，也開始引進千年茶樹野生白茶，甚至千里迢迢從雲南運回一批石磨，在台灣壓製白茶餅，或幫同業代工，例如2020年就幫行政院農委會「茶業改良場」緊壓了一批「台茶24號」的紀念茶餅，深受矚目。

近年「大益」新茶在市場掀起風起雲湧，但邱董卻少有進場，他說勐海茶廠改制前後的茶品都有引進，但多以中老茶為主。他說：「賺錢要有運，管道很多，只要好好做茶，很多管道都能賺到。」針對有意投入普洱茶收藏或經營的朋友，邱董說「喜歡做茶都好，沒有快慢，」而且要「認真學習，瞭解茶的真諦與本質。」

因此邱董說他永遠只想把茶做好、建立良好的倉儲把茶珍藏好，目前以「自然倉」為主，溼度不超過70%，不過他也表示：。「不同階段要有不同倉儲。」蟲害也是一個

課題，因此除了店內訂製金屬大茶罐展示烏龍茶、武夷岩茶等，倉儲也轉型為「科技倉」，包括控溫、控溼、防蟲等設備引進，分三個階段來存茶，不同年份、階段存放不同的茶品等。

街頭畫家發明珍珠奶茶
開創茶飲王國

台南「翰林茶餐飲集團」涂宗和

粗大的吸管輕輕翻動著杯中湧起的泡沫，晶瑩剔透的一顆顆耀眼珍珠在乳白色的汁液中閃爍，彷彿星子們徘徊在拂曉的天空不忍離去。細啜一口，蔓延在周遭的濃濃奶香與悠悠茶香同時溢滿喉間、直衝腦門，清涼的嚼勁與舒暢的口感令人再三回味，甚至為之瘋狂。

這就是源於台灣、並迅速風靡對岸與全球的珍珠奶茶，也使得原創發明人涂宗和，從一個騎樓下討生活的街頭畫家，成了涂董。擁有數十家大型直營「翰林茶館」與「翰林茶棧」，地點囊括全台六都精華地段、科學園區、高速公路休息站、國際機場與各大百貨公司；還有由翰林直營或開放加

盟的「嚮茶」及「鱷魚騎士」等副品牌約180幾家；加上美國西岸、加拿大、大陸、香港、印尼等海外約300餘家，將最具「台灣味」的茶飲禪風以及最地道的珍珠奶茶傳遍全球。

涂董回憶說，1986年為了還清400萬元的債務，向友人借了60萬，從佔地僅18坪、6張桌子的小小冷飲茶店起家，因緣際會發明了全世界第一杯珍珠奶茶而一飛沖天，一手打造了今日席捲全球的茶飲茶饌王國「翰林國際企業集團」，創業的過程不僅充滿了艱辛，更有著屢敗屢戰的傳奇色彩。由於他的「驚天一發」，不僅讓台灣茶飲再度席捲全世界，創下1年2兆多元的驚人產值，還

儘管因珍珠奶茶爆紅，涂董卻從不忘初心為推廣茶文化竭盡心力，他要求旗下所有主管與幹部都必須學習茶藝、插花並提升美學修養，所有的店都要保留「人文風味」。

被《國家地理雜誌》中文版列入「影響華人世界10位重要人物」，正如今天集團霸氣十足的slogan：「一杯原創珍奶，翻轉整個世界！」可說是真正的台灣之光了。

涂董說當年為了替茶館帶來經營優勢，不斷挖空心思希望能創造新商品來領導流行，因此從傳統工法製作的粉圓引發靈感、加入奶茶中，無論口感或視覺效果都頗具「賣相」，尤其煮過的白色粉圓看來有如珍珠般潔白、晶瑩，因此將其命名為「珍珠奶茶」，推出後果然造成大賣，2個月後乘勝追擊，再度推出黑色粉圓的珍珠奶茶，意外地成為今日全球最受歡迎的冷飲茶類。

儘管因珍珠奶茶爆紅，涂董卻從不忘初心，為茶文化的推廣竭盡心力，例如他要求旗下所有主管與幹部都必須學習茶藝、插花並提升美學修養，所有的店都要保留「人文風味」，作為他餐飲集團發展的母體，正如他一再強調的「如果沒有茶做為底蘊，就失去了文化的感覺，和一般餐廳就沒有兩樣

了。」因此他不僅曾任「台南茶藝促進會」會長，還在全台資深茶人的一致推舉下榮任兩屆「中華茶聯」總會長，為台灣茶藝出錢出力。儘管近年疫情持續延燒，餐飲業遭遇前所未有的衝擊，涂董依然樂觀以對，且以個人資金加入「大益」普洱茶的投資領域，對原本就收藏甚多普洱茶的他，可說遊刃有餘、獲利頗豐，為他「逆境中求勝」的傳奇事蹟又添一頁。

涂董回憶說，由於自幼喜歡繪畫，軍中退伍後不僅曾經開設畫廊，也當過數年的街

頭畫家，由於作畫時邊喝可樂，友人建議他改喝茶。他一時興起就前往台南的天仁門市買茶，從每兩15元開始到100元、200元愈喝愈貴，從此到處買茶、試茶、品茶。除了詳讀茶業改良場出版的專書外，也頻頻赴鹿谷茶鄉向茶農學茶，「邊學邊買」。1980年代中期，他總共用了4年的時間學茶，繳了數百萬元的「學費」，而且還親自向茶農購買茶菁，並「撩落去」與茶農一起做茶、焙茶，當時判斷茶葉得獎與否的精準度幾乎百發百中。

今天即便已成為叱吒全球的茶飲界大亨，涂宗和依然堅持自己焙茶，購回的茶葉無論品質多高，都要親自烘焙、加工。他說許多冷飲茶業者都不懂茶，而「不會做茶就不會喝茶」，相同的茶葉經良好的烘焙後，價格相差可以高達5、6千元。他說茶湯顏色與茶葉的品質滋味結構有關，而焙茶則是茶行的的命脈。許多業者也紛紛登門求教，他

也經常教人焙茶、試茶、喝茶，茶界從此均以「涂師傅」相稱。

做為台灣茶飲界的龍頭老大，普洱茶也始終未曾缺席，例如他曾千里跋涉雲南臨滄大雪山，採古茶樹茶菁所製作推出的兩款圓茶「藏色」與「藏嬌」，均遵循古法手工石磨壓製。「藏色」茶面條索勻整油亮，茶湯入口黏稠、溫潤且甘醇。至於藏嬌，茶面條索整齊、白毫顯露，茶湯入口溫潤甘醇。二者茶氣皆十分飽滿且回甘持久，堪稱可以立即品飲又能藏諸名山的普洱青餅了。

打造台灣益粉與西雙版納
零距離的普洱茶界才女

台北「台灣益友會」、「大益茶庭」田竹英

「行到水窮處，坐看雲起時」是唐朝大詩人王維傳誦千古的〈終南別業〉詩中名句，說漫步走到水的盡頭，坐下來看山嶺上雲朵湧起，比喻水上了天變成了雲，雲又可以變成雨滋潤大地或匯流成河，極富禪機禪意。話說王維不僅有「詩佛」之稱，還是中國文人畫「詩中有畫，畫中有詩」的始祖。不知當時雲南普洱茶「大益集團」總裁吳遠之是否也因詩中生生不息的「雲起」象徵，送給「台灣益友會」的第一份見面禮，正是2015年推出以來年年飆漲的「雲起」圓茶，也是台灣益友會的創會首批版，因此拜訪台灣益友會田竹英掌門，首先跟我分享的就是「雲起」。

看著田掌門小心翼翼地剝開茶票紙，但見手工石磨壓製的餅型圓潤飽滿，餅面滿佈肥碩白毫，且條索緊結。開湯後金晃晃的茶湯蕩漾輕啜入口，但覺苦釅蘊甜的風味瞬間在舌尖徐緩釋放，喉間回吐的餘韻更令人感受布朗山飽滿的陽光與山頭氣，無怪乎有茶友稱為「布朗雪印」，與80年代的「雪印

青餅」前後輝映。

《商業週刊》資深記者出身的田掌門，人稱普洱茶界「才女」，2014年12月在雲南大益集團吳遠之總裁的支持下，於台北成立台灣益友會會員服務總部，讓台灣益粉與西雙版納零距離，不僅服務收藏及品飲茶

「喝茶健康為第一、藏茶致富為第二。」
為益友會不變的宗旨，田掌門說：
「不品茶，焉知易武的雅柔遼繞潤喉、布朗的霸味迴腸盪漾？」

品的廣大益友，更成立「財團法人臺北市大益愛心慈善基金會」、大益茶道院台北茶修中心，積極投入愛心慈善活動，也致力茶道文化推廣，2019年更捐贈兩間「大益茶道藝術學堂」予莊敬高職新店及永和校區，為茶文化貢獻良多，令人感佩。

　　「喝茶健康為第一、藏茶致富為第二。」為益友會不變的宗旨，田掌門說：「不品茶，焉知易武的雅柔遼繞潤喉、布朗的霸味迴腸盪漾？」因此上一個虎年，已改制為民營的勐海茶廠推出「大益」第一款生肖紀念茶「瑞虎呈祥」，開啟「大益茶生肖傳奇」序幕，深獲好評。12年後的今天，大

益再度推出全新的賀歲之作「瑞虎呈祥」，為全球茶人益友帶來新一年的愛與祝福。田總特別邀我前往，與十多位企業菁英茶友們共品相隔12年的兩款虎年生肖茶餅。

　　田掌門說今年虎餅係精選西雙版納勐海縣「布朗古茶園」上乘古樹茶為原料，以「經驗做茶」與「數位製茶」相結合精心製作，所成就的「茶香馥鬱、層次豐富、剛柔並濟」的頂級普洱生茶。燈光下但見加厚加磅且抗出油點的單面油光茶票紙，色彩繽紛地呈現五虎氣勢磅礡的畫面，再看拆開後加大的內飛，以及健碩粗壯的條索、交相輝映的黑條白芽，足證她所言不虛。果然以蓋杯

沖泡，琥珀般的湯色忍不住輕啜一口，難得的是不僅毫無新茶的苦澀且霸氣十足，綿密厚實的蜜香縈繞舌尖與口腔之間，並在入喉後回吐鮮活律動的風韻直衝腦門，讓我大感驚奇。

田掌門接著再取出12年前的虎餅，燈光下餅形依然飽滿，條索也還清晰完整，尤其悠悠歲月加持後的餅面已呈現豐腴的油潤色澤，開湯後的琥珀已然偏橙紅色，入口滋味醇厚飽滿且鮮爽回甘，區區12年光景竟有迷人的豐姿熟韻，也讓我嘖嘖稱奇了。

「主題派對」近年已成為流行的新名詞，而大益普洱頂級茶「主題茶會」更是近一兩年流行的重點，在田掌門精心策劃及主持下，儼然已成為文化菁英、貴婦名媛的生活新流行。而「主題茶會」第一個趣點，就是茶品數量稀有、身價不斷攀高，產生了茶品本身魅力，造成茶友們趨之若鶩。而茶會地點通常選在風景優美，或者具有特殊意義的地點，如「瀲灩千羽、春堤湖上」，就是

受邀在高雄茶聯澄清湖茶會現場呈現：特別設計了蘇州畫坊的湖上意象，以及採宮廷風格表現的茶席設計及茶人服飾，從傳統茶席的素雅平淡跳脫出來，將「千羽孔雀」的風格特性完整呈現。而每一次頂級茶會都能開創全新的茶藝新風貌，提升至東方多元美學的境界，令人折服。

正如吳遠之總裁的期勉：「為因應後疫時代，茶友對養身及五感品茗需求增多趨勢，田竹英將台灣益友會的會員服務，從單純茶品銷售品鑑，延伸出『茶水器道』一條龍服務，增加很多水質健檢，茶器雅趣鑑賞，茶道課程，及茶品味活動等多元化生活服務。未來並將與茶餐飲，茶旅遊等產業互融結合，使大益普洱茶真實融入茶友生活，並以消耗帶動收藏，讓天下人盡享一杯好茶的美好時光。」

茶界大老的精準識茶與選茶功力

台北「雲水茶莊」/「集賢堂」戴舜仁

我深入雲南各大茶山採訪拍照多年，於2003年出版第一本茶書《風起雲湧普洱茶》，當時朋友圈多為西雙版納、普洱等地的茶農、茶廠或相關領導（例如當時勐海茶廠的阮殿容廠長等），與台灣茶人則多半不識。就在陸續接受各家電視專訪之後的某日，行經建國花市旁一家頗具規模的普洱茶專賣店，主人居然一眼就認出了我，還對部分受訪內容提出不少寶貴意見。超強的觀察力與記憶力讓我印象深刻，心想此人絕非等閒之輩。

他是「集賢堂」的戴舜仁，多年不見，早已成了茶界公認的大老，從台北市建國南路到承德路、環河南路，一直到最近的永康商圈，無論塵封數十年的台灣老茶、普洱古董名茶或近年狂飆天價的大益普洱新茶等無役不興，精準的識茶與選茶功力至今少有匹敵，就連一定年份以上、內飛與茶票紙等品項完全破損不堪的普洱陳茶，他也都能從中找出各種蛛絲馬跡做出精確判斷，讓許多自詡為專家的老茶人都不由得心服口服。

「台北茶藝促進會」於2021年歲末在新北市汐止「食養山房」盛大舉辦「上座・諸上座」茶會，戴董慨然提供完整1980年代

近期他在台北市人文薈萃的「永康麗水商圈」新設「集賢堂」雲水茶莊，請到「食養山房」創辦人林炳輝為他精心規劃，從店內設計裝潢至泡茶桌椅等，皆具備特色及品味。

原裝木箱的武夷岩茶，在眾人的見證下開箱分享，為茶會揭開令人讚嘆的序幕。

近期他在台北市人文薈萃的「永康麗水商圈」新設「集賢堂」雲水茶莊，請到「食養山房」創辦人林炳輝為他精心規劃，從店內設計裝潢至泡茶桌椅等，皆具備特色及品味。

細看店內從大門偌大的玻璃櫥窗展示，到前置的烏龍茶席茶桌、中間嚴整排列的歷年特等或頭等木柵鐵觀音，與羅列架上的日本名家鍛造鐵壺、銀壺以及罕見的紫砂經典茶甕，至大庭以各款號級、印級與七子級茶展示作為背景的偌大普洱茶桌，一氣呵成的氣勢令人讚嘆，儘管近年景氣受疫情影響而稍有落寞，但「集賢堂」雲水茶莊卻竟日高朋滿座，成為愛茶人的最愛。

從觀音韻到普洱的丰姿熟韻

台北「雲谷茶莊」林美惠

　　自鐵觀音茶原鄉——福建安溪，1990年代初期來台後先以鐵觀音買賣起家，進而接觸並積極投入普洱茶經營，從貴陽街樓上簡單工作室到精華區一樓雙店面，2007年更進入廣州全球最大芳村茶葉交易市場開辦門市與倉儲。儘管年紀尚輕，卻已在兩岸普洱茶界打出響噹噹名號，若非疫情攪局，每年幾乎有三分之一的時間往來香港、廣州、深圳之間，她是林美惠，無論品茶、識茶、藏茶或投資，都有精闢獨到的見解，讓同業們都不由得豎起大拇指。

　　近年普洱茶已從過去單純的收藏、品飲或養生等功能，逐漸發展至今天的類金融商品，成為不少人投資獲利的絕佳管道，尤

以從國營大廠改制為民營的勐海茶廠大益品牌，無論長線或短線進場，飆漲的速度都令人瞠目結舌。但林董依然不忘初心，認為茶的基本面就是用來品飲。

因此深闇兩岸三地普洱茶各種通路管道，且大益各款明星茶品如數家珍，而收藏也頗豐的她，依然氣定神閒地取出80年代7542圓茶、80年代首批繁體下關中茶，以及名氣震天價響的88青餅等三款七子級陳茶沖泡分享，聽她娓娓道來從經營老茶到新茶之間轉折的心路歷程，堪稱美好的下午茶時光。

 普洱茶市場還有很大的發展空間與方向，
她會繼續作為兩岸普洱茶買賣的橋梁，
為每一位愛茶人提供最適合自己需求或口感與品味的茶品。

由於近年狂飆至天價，我已經未品88青餅很久了，看著她小心翼翼拆開不堪歲月折騰而有些鬆動的茶票紙，心情不免雀躍了起來，果然與一般常見的7542圓茶明顯有別，一股綿密的老舊溫醇香氣瞬間撲鼻而來，但見乾倉轉化的深栗紅色烏潤油亮，餅面略有茶芽，餅背則一眼就可以認出4級左右的稍細茶菁。看她嫻熟地以朱泥沖泡，在白色茶甌中蕩漾的茶湯，通透明亮的酒紅色格外迷人，而入口後帶著柔和幽雅的野樟香如絲綢般，纏綿舌底兩側迅速蔓延，喚醒口腔沉睡的胃蕾後，再徐緩滑入喉間，並如漣漪般層層回吐擴散乾倉陳普才有的老韻與甜潤。而儘管陳期已逾30年，林董取出的80

年代首批繁體下關中茶，粗壯茶菁成就的肥碩條索已呈暗褐色，開湯後還依稀可見雲腳杯緣瀰漫，並在杯緣展開油亮的光暈，湯色也從首泡的暗褐逐漸轉為後面幾泡的透亮褐紅，每泡都有不同的韻味與魅力，尤其入口後含在口腔的飽滿度明顯，湯水甘甜且茶氣強勁，厚重感十足，葉底更有陳茶的透紅柔軟，可說痛快之至了。

茶過三巡後她還以堅定的口吻告訴我普洱茶市場還有很大的發展空間與方向，她會繼續作為兩岸普洱茶買賣的橋梁，為每一位愛茶人提供最適合自己需求或口感與品味的茶品，讓我想起80年代著名的廣告標題：

> 我是橋
> 今後
> 我仍是橋

善哉斯言！

從締造刷子王國到紫砂名壺
與普洱茶的大收藏家

台南「瑩聯企業」何錦榮

在台南，「中華茶業協會」創會會長陳啓村親自開車來接我，說「上午要拜訪的實業家『何錦榮』是協會顧問，也是台南典型的仕紳、響叮噹的人物，生意遍及全世界，人卻十分溫文儒雅。」讓我差點從副駕駛座跳了起來，不就是台灣跨越語言的一代大詩人「白萩」的本名嗎？腦海立即浮現

他的一首詩「呈獻」：

抬頭卻發覺，窗外只有一顆啓明星
單獨的投身在夜空裡
讓我整夜的解析意義
直到黎明不知覺地來臨……

儘管僅是同名同姓，但作為瑩聯企業集團董事長，從締造揚名國際的「刷子」王國，到成立「錦燕堂」、收藏紫砂名壺與普洱茶多到可以出書的大收藏家何董，在他以清水模打造外觀的廠房、辦公室與茶空間，初次見面，呼之欲出的詩人氣質襯托的傳統仕紳形象，依然讓我印象深刻。更讓我感到驚奇的是：從大樓中庭到各樓層重要角落，幾乎都可以看到攝影大師莊明景大大小小的作品，更彰顯了他與眾不同的品味。

何董說所有工業製造的過程中，看似不起眼的工業用刷子卻足以影響機具生產的成敗，因此從鋁廠業務到自行創業建廠、從尖端科技到民生器用，從幾公釐到一貨櫃僅能運載兩支的各種尺寸，事業跟著台灣工業同步起飛，也為他創造了可觀的財富。但何董可不僅僅「有兩把刷子」，喝茶品茶成了衝刺事業的最佳調劑：從1980年代開始喝凍頂烏龍、喝比賽茶，同時收藏名家紫砂，40年來從未間斷，最早從明、清兩代到近代的顧景舟、汪寅仙等大師，名壺多到可以出版

厚達262頁的大部頭專書，用自己與夫人黃秋燕的名字命名《錦砂燕賞》，還驚動各大媒體與《典藏》雜誌簡秀枝社長親自專訪。

何董伉儷也特別請名家訂製以「錦榮清翫」與「秋燕珍藏」落款的各式茶器，包括紫砂壺、瓷杯、茶倉等；而普洱茶的品飲收藏也不遑多讓，從號級、印級到七子級，並自2000年開始從雲南定製茶，打造「瑩聯號」自有品牌作為收藏或紀念之用，包括西

雙版納易武、臨滄冰島等，近年也有計畫地收藏年年飆漲的「大益」普洱茶。

步入由名建築師毛森江設計、細膩清水模外觀的「瑩聯集團」企業總部，幾乎每層樓都備有泡茶設施與茶壺、茶海、茶盤等器皿。何董說早年和日本人做生意而養成的泡茶習慣，今天則更進一步，除了品茗茶香、研習茶道，更愛上紫砂藝術，成為全台數一數二的紫砂名家茶器收藏大家，鶼鰈情深的何董還特別以自己和妻子的名字各取一字，將堂號命名為「錦燕堂」，可見夫妻倆感情之深厚。財務專家的夫人何黃秋燕不僅是何董事業的得力助手，也全力支持他的收藏愛好，兩人心靈上的契合不僅在南台灣傳為美談，也在茶界普遍贏得「神仙伴侶」的讚譽。

細看菊八開精裝本外加豪華書套的

收藏紫砂名壺與普洱茶多到可以出書的大收藏家何董，
以清水模打造外觀的廠房、辦公室與茶空間，
詩人氣質襯托的傳統仕紳形象，彰顯了他與眾不同的品味。

《錦砂燕賞——錦燕堂藏紫砂器（卷一）》一書，可以想見很快就會有（卷二）的出版吧？從明、清兩代的紫砂、段泥到朱泥，從陳覲侯、陳鳴遠、許文遇、楊彭年、王東石，到近代名家王寅春、朱可心、馮桂林、顧景舟、蔣蓉、汪寅仙等，除了大而清晰的圖版，書後還有詳細著墨的「賞析」，彷彿觀賞了一場紫砂名壺的精彩展演，讓我眼追心隨，久久不能自已。

有人說：「潤澤具韌性的紫砂，質樸低調，恰與何錦榮個性契合。」與大詩人同名同姓，卻又同時兼具仕紳、文士與茶人儒雅氣質的傑出企業家，不僅縱橫商場，更在聞香品茗的同時運籌帷幄而決勝千里，帶領集團大步邁向未來，動與靜之間，足以跨越明代大才子唐寅「事茗圖」題詩「日長何所事，茗碗自賚持」的心境矣。

大隱於台北忠孝商圈的
普洱陳茶大藏家

台北「釅藏」、「四海茶莊」張文銓

來自南投名間鄉松柏嶺的種茶世家，1987年甫自學校畢業就進入台灣「天仁茶業集團」任職，當時「天仁」已有普洱茶的經營，代碼HK就是做香港貨、紫砂壺等。至1991年才離職創業，在台北市最精華的忠孝東路四段開設「四海茶莊」，2008年又在附近靜巷建立會所，以清代阮福〈普洱茶記〉所言「普洱茶名遍天下，味最釅，京師尤重之。」取名「釅藏」。至今始終以收藏甚多號級、印級、七子級陳年普洱茶，以及改制前的大益茶等，在同業間享有盛名，而成功的歷程更讓許多人所津津樂道。

他是張文銓，打工期間認真學習且汲取累積了「天仁」成功的經驗，一開始除了

台灣茶，也同時經營普洱茶，他笑說當時多為「生意貨」，不僅普洱茶在當時並非主流，且受限於「戒嚴時期」所有大陸茶品都不得公然進口，而多為香港帶回、褪去印有「中茶」標誌或字樣外包茶票紙的「裸餅」，生熟都有。自己在工作空檔也喜歡沏上一壺普洱茶，包括當時價位不過千把台幣的「雪印青餅」、8582圓茶等。

張董說他真正大量收購普洱茶是2000年，儘管2004年政府才正式宣布開放普洱茶進口。當時至今且多以號級與印級「古董茶」為主，也看到廣州芳村茶葉市場的快速崛起。儘管他說自己畢竟是「商家」而非「收藏家」，生意必須「貨暢其流」且需不斷周轉佈局，因此所收老茶不可能死守不放，但也不會把老茶全部出售，而是培養自己的客人，以後再收回來。他說：「不在乎以前買多少錢，重點是現在的價格。」他取

出近年曾在大陸及香港拍賣創下單餅千萬以上天價、號稱普洱茶王的「福元昌號」圓茶，竟然完整從紫票、綠票、白票都有，讓忙著拍照的我瞠目結舌。接著又取出紅標「宋聘號」、「雙獅同慶號」以及較為罕見的「五色旗同慶號」。他說留一些給女兒、兒子當「看板」，我笑說「應該是當傳家之寶吧？」顯然擁有七座茶倉的普洱老茶大收藏家，江湖傳言絕非浪得虛名。

近幾年不斷狂飆屢創天價的「大益」

中期茶或新茶，張董卻絲毫不為所動。除了2007年普洱茶一度崩盤，同行拿2005～2006年的「孔雀系列」來賣給他，就收藏至今，但也「只收不賣」。後來的幾波大漲行情均未參與，也從未感到遺憾。專注老茶的他提起勐海茶廠改制前的早期七子餅茶則如數家珍，例如，他說目前甚夯的8582圓茶，厚紙先於薄紙，且一直產製到1991年，而筒包上貼有CIB「中國商檢」標誌則係1986年所生產。

張董說：「市場定位要有自己的特色。」對於近年所謂「港商訂製茶」的爭議，他說大陸早期對品牌市場不重視，因此有「八中內飛」的厚紙8582圓茶也有「福海茶廠」所製，而雖然貴州「茅台酒」售價與股價都甚高，但不會因此說「五糧液」即非好酒。同樣的道理，「大益」是現階段最好的品牌，但其他品牌也有好茶，也自有他的市場。而張董個人定位是「通路品牌」，不想做為上游廠家品牌，以早年國營廠為主。他說目前有台商前往雲南各大茶山收茶菁製

茶，也大多以OEM為主，還達不到「廠家品牌」，而目前大陸廣為風行的「東和茶葉指數」也包括了所有品牌，不會以單一「大益」為主。

張董語重心長地表示：「以前不曉得現在是什麼樣？現在也不知道未來是什麼樣。我們不能預測未來。」因此不會以短淺的眼光去看市場，他認為市場要有交易，交易量一直變高才算穩定，而「價格不是憑空出來的」，他說市場最終還是要「消費者說了算」，若出路不夠廣，就無法創造消費市場。他笑說自己並非印度神童，對於未來市

小票雪印青餅7532沖泡分享。

號稱普洱茶王的「福元昌號」完整紫票、綠票、白票以及紅標「宋聘號」、「雙獅同慶號」、「五色旗同慶號」等六款古董名茶。

牆上掛滿吳冠中等名家畫作的「釅藏」會所。

張董近10年來逐漸將「四海茶莊」轉型，
在鬧區靜巷內開設「釅藏」，作為兩岸三地最早的普洱茶會所，
做自己的客人跟較熟的同行，也開始經營台灣的特色茶，
包括好的紅茶、東方美人茶、高山茶等都有。

場的變化走向「誰也說不準」。

張董還曾以無黨籍身分高票當選、擔任過台北首善之區「忠孝商圈」三屆長達12年的里長，熱心服務里民，後來因為太忙而不再競選連任，近十年來也逐漸將「四海茶莊」轉型，不僅在鬧區一隅靜巷內開設「釅藏」，作為兩岸三地最早的普洱茶會所，做自己的客人跟較熟的同行，也開始經營台灣的特色茶，包括好的紅茶、東方美人茶、高山茶等都有，他謙虛地表示：「希望將普洱茶所賺的一些小錢來推廣台灣茶。」而「客人喜歡就是好茶」，對於從日據時代就爆紅至今的東方美人茶，他不僅指明要比賽茶特等獎、頭等獎，還要求種茶製茶的「名人」，如榮獲特等與頭等獎項無數、高齡87

北埔「茶狀元」姜肇宣的特等獎東方美人茶。

歲的北埔「茶狀元」姜肇宣等，他說：「提升到文化的境界才有價值。」台北許多榮膺米其林三星、二星的餐廳大多是他的客戶，即便2萬元台幣1斤的茶都供應進去。他說：「使用者付費，大家才會重視」。

從首屈一指的茶葉指數交易平台
到普洱茶專業服務

廣州「東和茶業」陳軍日

從2006年因機緣巧合成了芳村茶葉市場的一名跑街仔幫人調貨，到今天所創辦的「東和茶業」，無論交易平台或普洱茶事業在芳村都可說是數一數二的大企業，廣州土生土長的陳軍日的創業傳奇，在華南地區始終為人所津津樂道。

陳董說在2006～2008兩年時間裡，由於工作原因而接觸到了許許多多的行家、商家，也結識了很多老師、朋友和貴人，當然不可避免誤觸過大大小小很多地雷。難得的是在這個過程中，他發現了普洱茶這種「非標準化產品」的獨特之處，它特有的收藏價值既能成為時間的朋友，具有財富價值；也是中國傳統文化最直接的具體載體，是最具

人間煙火氣的物品之一。用現在的話說,是理性和感性的統一,因此逐漸發覺「這個獨特的商品」將成為他一生的事業,這也成為他在2008年成立「東和茶業」的原因之一。

陳董說當時的想法很簡單,就是希望能針對行業的痛點,把大量來自一線的跑街仔資訊集合到一個平台上,形成透明的價格資訊,從而降低交易成本。於是他把公司定位為「茶行業的服務仲介」,也因為這樣,隨著互聯網應用,逐步有了「東和茶葉指數」,有了「東和質檢中心」以及東和3個標準「交易標準、真假標準、價格標準」。經過十幾年的打磨,也得到同行與用戶的認可,可以說「大益茶是東和的主營品牌之一,但並非唯一。」

普洱茶在資產方面,它是財富;而在

情感方面，它更是我們源遠流長的歷史和時間價值的見證者。茶葉是一個古老的行業，古老到可以找到從茶聖陸羽開始的很多古籍故事，也見證了無數次的烽火連天、家國情懷。直到今天，它仍然代表了中國人最熟悉的傳統生活方式，很多老友見面，仍然是喝喝茶聊聊天。也正是這種累積的人文情感，讓普洱茶葉始終煥發出魅力，所以陳董認為：「茶葉應該多從人文交流上獲得更多價值。」

多年的茶葉從業經驗，讓陳董經常告知同事們做生意沒有護城河，真正的護城河就是擁抱變化、不斷創新，不斷為客戶創造新的價值，在變化中與時俱進——這正是「東和」所信奉的永遠不變的價值。而且他說「東和」選擇的是「可以跟時間做朋友的生意」，是可以穿越時間的生意。

正是這種憂慮感和危機感，讓「東和」始終保持在「進化物種」狀態中，保持進化，自己就永遠是空杯，一直在摸索和前進中。如果一定要說經營手法，那麼陳董相信一定是為客戶創造新價值，才是「東和」未來的新價值。而更遠的未來，東和始終致力於讓中國茶葉全球流通的使命，讓「東和」成為全球最受信賴的茶葉交易平台。不拘泥於眼前的利益，陳董不凡的企圖心與雄心壯志令人深深感佩。

陳董說「東和茶葉指數」係於2010年由「東和茶業」創立，並於2021年被中國價格認證中心評為「茶葉價格採集中心合作單位」。是東和茶產業綜合服務中心的核心業務板塊之一，客戶可以隨時隨地知道茶葉價格變動，有效提高成交效率。在過去的十多年時間透過精細化的運營，以「資料全、更新快、公開透明」等特點得到同行認可，現已成為全球茶葉買賣的專業工具與參考指標，官網單日訪問量高達140萬次，已成為茶行業的風向標之一，每一次更改價格更意味承擔了行業責任。

而「東和高端客戶私家茶倉」則是為

客戶打造的專業智慧化倉儲服務，摒棄傳統倉儲的管理模式，引入WMS智慧倉儲管理系統，成為專業的智慧倉儲。啟用一貨一碼，保護客戶隱私資訊，不易造成貨品混淆、丟失等問題。此外，「東和茶業」更與「中銀保險」建立戰略合作，中銀保險承接東和茶倉的茶葉倉儲保險，每一個在東和茶倉存放的貨品，在存放期間因發生意外事件造成的損壞，都會根據實際情況進行賠償。而未來東和茶倉也將繼續升級，每件貨品將植入RFID標籤，貨品庫位可以即時定位，即時查看貨品情況，同時配備門禁設施，一旦出現違規操作時，立即報警，保障客戶貨品的安全。

此外，東和還有「茶葉科技檢測服務」，破解行業「真假標準、品相標準」兩大痛點。以及「數位化交易平台——託管交易服務」、「老茶回收中心」、「東和拍賣」、「茶產業供應鏈服務」等，更有回應國家政策，攜手各大銀行推出的普惠金融服務「東和茶通」，向銀行做協力廠商擔保，幫助商家盤活資金；既為市場注入新動力，又減低客戶資金的壓力。

產業鏈全佈局、
影響力擴及全中國的茶事業集團

東莞「鴻鑫隆」陳竑暉

福建漳浦縣人，大學學歷，1997年開始涉足茶領域，便立志以茶為終身事業的「鴻鑫隆」茶事業陳竑暉董事長，今天所創辦的茶事業體已完成產業鏈全佈局，從生產、開發、銷售以及投資，既是生產商也是茶葉零售業的翹楚，更是平台服務商的專家，今天已成為珠江三角洲地區最知名茶業集團，影響力更擴及全中國。接受訪問時，陳董就開宗明義告訴我：「廣州芳村市場更多的是流通交易、波段行情；但「鴻鑫隆」的重點在於『產業發展的戰略規劃、品牌建設』，所以不一樣，這是我們在做的、也是想要表達方向。」

廣東鴻鑫隆總部位於「藏茶之都」東

莞，前身是「天鑫茗茶」，主要從事各類茶葉產品的研發生產、存儲流通、管道運營以及茶器、唐卡、藝術品等各類茶業衍生品的設計、開發、銷售運營，可說是一家「全產業鏈佈局」的品牌茶企，在全中國各地設有包括生產基地、五星級茶館、品牌體驗館、加盟店、專業交易平台等多個分支機構，同時服務行業的B端、C端客戶。總部麾下有各種不同機能場館，提供全方位產品與服務：包括茶文化館、普洱茶倉儲基地，交易平台、鑒定中心，以及全國加盟樣板店、茶文化主題會所，再加上直營連鎖體系「天鑫茗茶」管理中心等；而北京、深圳、浙江、遼寧、江蘇等地也都有自營或連鎖店「鴻鑫隆」會所、體驗館等數十家，規模之大，放眼兩岸三地，鮮有出其右者。

陳董說「鴻鑫隆」創立24年來，始終

堅持「惜茶愛人、終身事業」的精神，專心、專注於專業領域，堅持不走捷徑、拒絕機會主義，踏踏實實，長期投入；堅持客戶導向、品質優先戰略，在生產端做好每款產品每道工序，注重持續優化每個細節，在行銷端注重客戶的體驗感和滿意度，致力於為各種不同類型的客戶群提供優質的產品和整

體服務解決方案，全力以赴推廣中國茶文化、做大市場的同時，講好一片神奇東方樹葉的故事，幫助廣大愛茶人，尤其是年輕人更深入領悟中國五千年博大精深茶文化的魅力精髓，以及生生不息的生命力；讓國茶文化代代相傳，讓大家更好的享受一杯茶美好時光。

陳董表示，今天「鴻鑫隆」以精準深耕產業多年沉澱下來的專業經驗、錘煉出來的核心生產工藝技術、得天獨厚的綠色生態原料基地、體量可觀的優質中老期茶倉，以及精品儲量豐富的茶器館（宜興紫砂、青花瓷）、唐卡館；集團正在實體端廣拓管道、本著厚德載物、彙聚共贏的原則，與有志於茶事業的B端同行客戶一起努力共同成長；在網路端加快新系統新品類上線，為傳統茶產業創新賦能傳播賦能，以為所有信任「鴻鑫隆」品牌的廣大愛茶人奉上一杯好茶為願景，以茶為媒、廣弘茶道，做好企業的同時，為茶業復興奉獻自己一份努力。

「鴻鑫隆」透過傳統事業體多年來沉澱出來的資源、生產、倉儲、管道體系等優勢，穩步推進超級體驗館、旗艦店在全國各地的落地工作，全力推進品牌再升級、快速

陳董說「鴻鑫隆」深度參與了普洱茶從邊緣品種一路茁壯成主流品種的全過程，以及茶市三起三落的三個7年，普洱茶雄據舞台的中心，因此更懂市場與消費者，並深度瞭解市場的發展規律和金融屬性。

推進公司在網上各個模組的創建工作，相信在不久的將來，會為大家呈現一個全新的、具備良好客戶體驗的瞭解茶文化、選茶、購茶的優質線上鴻鑫隆。而面積高達5千平方公尺的自有茶倉，包括3千平方公尺的總茶倉，加上流轉倉、老茶倉共5千平公尺，更具備展示、鑒定、存貯等功能，以自有品牌古樹純料為核心，改制前勐海茶廠老茶為重點，兼顧各大品牌名茶，目前優質普洱存量陳期10年以上者就達萬件以上，可持續提供強而有力的品牌資源環境。

陳董說「鴻鑫隆」深度參與了普洱茶從邊緣品種一路茁壯成主流品種的全過程，以及茶市三起三落的三個7年，普洱茶雄據舞台的中心，因此更懂市場與消費者，並深度瞭解普洱茶市場的發展規律和金融屬性。24年來專心專注茶葉始終不忘初心，堅持「品質為王」，堅持尊重自然，做好每一道工序、注重每一個細節，在熱帶原始雨林中親手採摘、人力馱茶，專心專注於生態養木、古樹純料茶的選料、製作與生產，做高品質的古樹純料茶。「要做好每一個細節，為客戶提供高品質的好茶葉。」更是陳董永續不變的堅持。

陳董目前同時兼任「東莞市萬江茶葉行業協會」會長，帶領來自茶業界各精英代表，在行業內發揮橋梁和紐帶，參謀和助手，協調管理，規範行規，監督指導的作用。鴻鑫隆茶事業集團也結合陳董的業界號召力，以及品牌本身的專業與資源，正在逐步推進與全國乃至世界各地茶行業組織開展交流與合作，透過數據管理技術與規模優勢，以更低的庫存投入創造更高銷售成績，為客戶降低投資門檻與風險，並創造更強勁的回報率與競爭力。

首創大益大盤指數、
打造大益茶交易平台

廣州「百家賦茶業」劉佳宇

來自廣東潮汕的劉佳宇，2015年開始在廣州芳村經營大益茶。透過收藏大益茶的長輩介紹，瞭解到當初為行業低谷，堅信行業是有「週期性」即入場，更深知「大益茶」擁有比其他茶葉更強的流通性，因此在廣州芳村成立「百家賦茶業」。不僅堅持經營「大益」新茶與中期茶；更在大益茶界首創「大益大盤指數」，致力於打造「大益茶交易平台」。只要是大益茶，都可以通過百家賦進行買賣。

當問到劉董有何投資大益茶成功案例時，劉董說每個人都有成功增值獲利的例子，當然也有投資失敗的例子。他成功的例子就不提了，建議我們還是回歸怎樣更完善地覆盤總結、更深入地研究「大益交易行為學和心理學」，力求做到「大掙小虧、多掙少虧」。所謂「覆盤總結」就是回溯過去，

如果自己下次再遇到同樣境況，我們將怎麼更完善地去處理它的一種思維方式。相當於我們將以往投資大益茶成功和失敗的經驗進行優化提升，當下次在買賣大益茶遇到同樣境況時，我們的投資成功率能夠得到提升。

愛好交友的他並表示：「有同樣這個興趣的

朋友，歡迎找我一起研究探討。」

　　劉董表示「大益茶」因存在「金融屬性」，必然就會存在「超漲」與「超跌」現象。前幾年的火爆現象實際就是超漲現象，久漲必跌，久跌必漲，這兩年陸續的回調，已擠掉一部分不合理的價格泡沫，接下來將是價格回歸價值，甚至會出現超跌現象，也就是多年以後回望遍地黃金的時候，又是一輪財富重新分配的開始了。

　　作為「大益大盤指數」的首創者，劉董創立的「百家賦茶業」永遠不變的原則就是「多用心，服務好客戶」以及「多學習，讓自己變強」。

　　成立「大益大盤指數」的背景，劉董說前幾年芳村有多個「大益茶」單品報價網站，每個交易日都能發現有部分茶漲、也有部分茶跌，但是實際的綜合行情是漲是跌？成為他可以去創新的機會。經過一年多的研究後，經得起考驗的「百家賦大益大盤指數」終於在2019年10月面世，並沿用至今。

　　劉董說「大益大盤指數」相當於中國股票市場的上證指數，可以透過這個指數讓不在芳村的投資收藏客瞭解到「大益茶」的芳村綜合行情，是將一個抽象的大益整體行情轉化成具體的數字化呈現過程。再通過5日均線、10日均線、20日均線、30日均線的

作為「大益大盤指數」的首創者，
劉董創立的「百家賦茶業」永遠不變的原則就是
「多用心，服務好客戶」以及「多學習，讓自己變強」。

交叉分析，作為預測接下來走勢的一個指標，從而為買賣行為提供支撐點。他引用戰國時代大詩人屈原名作「離騷」中的名句「路漫漫其修遠兮，吾將上下而求索。」指出在追尋真理方面，前方的道路還很漫長，但他將百折不撓，不遺餘力地去追求和探索。讓我對他的古文學造詣大感佩服。

劉董回顧自己的創業經歷，其實就是一個遇到問題、解決問題的過程，也是探索自己、完善自己的過程。他說2018年下半年遭到強颱風山竹侵襲，公司所在的「古橋茶街」遭遇到罕見的珠江水倒灌，店裡大批貨物被水浸泡。其中包括客戶剛剛購買的貨物和自己的存貨，劉董也毅然決定「不歸咎於天災」，而將客戶所有的損失全數賠償，經過大家口耳相傳，從此獲得更多客戶的信賴

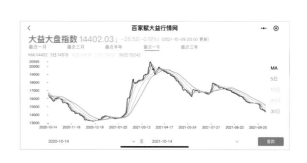

與支持，更是「百家賦茶業」永遠立於不敗之地的重要原因吧。

劉董說「大益茶」擁有最廣泛的客戶群體、最深厚的文化歷史底蘊，以及最強大的金融屬性，加上未來幾十年中國的國運越發興旺，「大益茶」只會越來越好。儘管前進的路上有些曲折，但螺旋式上升的主旋律是不會改變的，因此他堅定的表示：「當超跌現象再次來臨時，我們大家一定要把握好。」

遠從閩西帶著三百元人民幣
到廣州芳村打天下的輝煌

廣州「億人茶業」范思杰

來自以「永定土樓」聞名全球的福建省龍岩市，廣州「億人茶業」的范思杰，1999年進入廣州芳村開始做台灣茶、鐵觀音等烏龍茶。2004年開始做普洱茶，也去過雲南昆明、西雙版納等地調研，收大廠茶，包括「大益」與其他品牌，2009年就全力以赴經營大益茶，主要以常客及收藏為主。

范董說2009年以前，黎明、老同志、六大茶山、福海、下關等茶品都有做，之後覺得大益的品質變化優秀，流通性又好，客戶與潛在客戶都很優質，范董笑說：「跟越大咖越好談，兩三句話搞定，量大且利潤空間也大。」而跟「小咖」談難免「嘰嘰歪歪、討價還價」，付款模式也較慢。他進一

步解釋說：「接觸的人群會高端很多，因此清掉了其他品牌茶葉，打折清倉。」他說大益茶剛開始可能都不覺得好，但品質變優秀的速度非常快，多了一個冰糖甜。雖然剛開始有點濃，苦苦澀澀，但尾水木質甜，水是甜的。

范董回憶2010～2012年間，期貨市場在芳村佔了半邊天，而量與期貨幾乎都在他手上。這時經銷商的貨量都少了，市場都跟他訂期貨。2014至2015年休息了兩年，至2016年他在雜誌發表了一篇文章，已經看到2016～2021這一波的「非常暴利」，對市場、收藏、專營店等都可說是暴利的大樹古樹茶的年代。他說勐海茶廠2004年改制為民營後到2013年就是一個「7542圓茶」，而由總裁吳遠之接手後的兩波高峰，一是2007年「數字茶的年代」，7542很吃香，少有其他品項。2010年後是「經典再現年代」，大益推出以前的經典名茶，包括101「金大

益」、201「金色印象」等均為經典再現，至2013年則開始生肖餅的崛起，多了一個生肖餅系列。

范董說理論上只認准全新名字的高端品質茶品，所以「金大益」1701雖然漲幅甚大，但他看好「群峰之上」、「軒轅號」、「千羽孔雀」等全新品名，因為這些茶注入了大樹古樹。改制後到2014年，沒有大樹古樹，勐海廠根本就未曾收購，至於其間為何會有高品質茶葉？因為布朗山鄉勐海茶廠基地是高品質茶葉，早年是台地，近2、30年就接近喬木。2013年「雨林」茶業異軍突起，價格甚至超越大益，當然也衝擊了當時

的吳遠之總裁，2014年就從國外調曾新生廠長回來收大樹古樹，籌備原料至少2年，話說「大益」茶通常不會以當年的原料壓製，當年的原料往往隔年或兩年再壓餅，風味至少差5年；由於現壓成餅的青味至少5年才會消失，因此大益從2016年開始推出的大樹古樹新茶都沒有臭青味，例如2016年的「群峰之上」、「珍藏孔雀」、「藍印」；2017年的「軒轅號」等，都有大樹古樹喬木的口感，甜水跟台地茶相比可說前者是冰糖甜，後者為紅糖甜；正如井水跟自來水的甜是不同的意思。而台地茶苦澀不化，古樹茶的苦澀入口去化快，因此才有這一波「軒轅號」

飆漲至1件198萬人民幣的驚天之價吧，不過他也說「軒轅號單價太高，無法做莊」。

至於公司大門上比「億人茶業」還更大的「大益行情網」招牌，很難不引起注意吧？不過范董卻說行情網僅辦過兩次，因為主題不在這裡，且做網站並非自己的強項。他說「創辦公司、網站平台是『東和』的強項」，而「億人」平台只是順帶流通、判斷行情行市，介紹給常客收藏，因此「沒必要去拚這個部分」。

范董至今已經做茶23年，自己直接從家鄉跳到芳村茶葉市場，從家裡拿了300元到芳村打天下，至今已然開創了普洱茶輝煌的一片天。如果要定義自己的地位和特色，以收藏眼光致力經營新茶與中期茶為主，儘管「東和」現在雖然也有新茶，但以中期老茶為重心；他說「新茶這塊是『億人』較為強大」，這一波市場雖強，但已經過完了，未來不知道；下一波應該是大家拚資金、拚眼光，在市場刮收的年代吧？他舉熟習的《易經》的「七上八下」之說，認為近年

「大益」的漲跌起伏正好符合：2007年普洱茶崩盤到2013年漲到最高點，2014年落下至2021年又大漲，因此對未來幾個波段的市場依然充滿信心。

范董說2013年以前可以直接對接經銷商和專營店，那是經銷商量很大；現在都平台化，專營店都自己賣，經銷商沒什麼量，靠市場撈一點，未來存貨只能從市場找，各自從經銷商專營店拿貨。他說以前的人一批貨50件、100件都可以拿，現在認識的人太多了，50件可以分10個人給，未來就是平台化了，做茶的人多，貨量散，就需要市場調控了。他以十分堅定的口氣表示「新茶在市場很少人可以跟我們PK」，PK指量，起量獲利空間會較小，但空間大一定沒量，著重去抓利潤空間，量一定受阻，自己會存貨。

范董舉例說2016年收「皇茶一號」從16000～25000人民幣，個人存貨是198件，漲價後慢慢過手；「群峰之上」當時是6500～7400人民幣，收過千件，漲至8000～9500人民幣就開始分貨；後來做了一批「藍印」也收過千件，建議進來買的客戶數千件，控盤率太高對這批茶葉不好。2018～2019年開始散茶出去，剩1、200件。而做莊家跟做平台到目前為止，曝光率太強就幾乎沒有做成功的，因此不能太大張旗鼓，要成就他們的存貨，不要成就自己的存貨或操盤。控盤率高，市場流通率就少，市場就不陪你玩了，因此范董經營的原則是「利潤要共享」。

年輕新銳在激烈競爭的
普洱茶市場脫穎而出

廣州「貢盈茶業」余偉績

廣州芳村茶葉市場「貢盈茶業」的余偉績，是「億人茶業」范思杰的外甥，來自福建漳平的他，之前都在老家喝漳平水仙，從未接觸過普洱茶。2008年進入芳村做普洱茶，不到一個月就因家裡有事而回去了，2010年家裡讓他來跟范思杰學習，在「億人茶業」當了9年的業務經理，成天忙著業務而未曾有時間學茶，主要做新茶現貨與期貨，也常幫范董接待華茶會的遠道貴賓。2020年才自己自立門戶，成就今天脫穎而出的「貢盈茶業」。

余董經營普洱茶的原則很簡單：「有錢有工資就留一些茶，漲價貴了就賣掉一些。」所購入的茶品賣掉一批收回成本，

孔雀」、「山韻」、「珍藏」等，獲利最佳。至今仍看好皇茶一號與千羽孔雀，幾乎都翻了一倍以上，漲幅夠高就脫手，簡簡單單獲利，不必搞得太複雜。

余董說2020年剛好有朋友要轉讓檔口，感覺機緣到了就自己出來做，自己本身也累積一些茶葉與部分資金，自己收藏，看好就買，喜歡就留一些。至於選茶的標準，余董說：「茶底要好，數量不要太多，有傳承，重磅的。」所謂傳承，他說經典再現就會再買，例如「孔雀」系列；至於「蘭韻」茶底也好，但推出量大了些，購入後價格始終上不來就賣出了。

余董說「要大家追捧」價格才上得去，說是「明星效應」吧？不一定最漂亮的那個才會出名，要被追捧的價格才會飆高。問他如何在芳村找一家可靠的普洱茶行？他的回答也特別簡單，就是信義、實在跟口碑。慢慢接觸，就會有一些常客，加上靠朋

其他就留著等待增值；有新的茶品就換下一批，2012～2013年留在手上的茶，儘管2014年跌價，但2015年又漲起來，基本上都售罄。2016年開始購入「皇茶一號」、「千羽

友介紹，客人也會衡量。

　　由於是2020年6月疫情期間開的店，因此余董說未曾接觸老茶，至今都以「大益」新茶為主力。他說現在品質越來越好，但茶越來越貴，後來就只有買「倉頡號」、「群峰之上」、「虎餅」等，且很多都是過手。

　　余董表示2018年「千羽孔雀」價格相對之前的低，只是現在行情不好，價格起不來。他說去年漲幅過高，正如2013年飆漲太高，2014年就大幅降價。目前大家都在觀望，在這個「跌」的過程中，他認為值得收藏的有「千羽孔雀」與「皇茶一號」。他說「班章」系列產品在2007年後忽然就停了，此後再難尋到以班章原料為主的茶品推出，一度讓他頗為失望，但他說按照常理，既然廠裡出過班章，不可能一次用完所有的原料，多少都應該留下部分餘料吧？為此他鍥而不捨多方打聽，並廣為收集網路各項資訊，得知「皇茶一號」生茶原料共15噸，其

余董的選茶標準「茶底要好，數量不要太多，有傳承，重磅的。」
所謂傳承，他說經典再現就會再買，
例如「孔雀」系列；至於「蘭韻」茶底也好，
但推出量大了些，購入後價格始終上不來就賣出了。

中6.5噸就是精選2006年「班章」所剩餘料的芽頭，驗證出「皇茶一號」全部選用布朗山特級原料，身價和口感都非同一般，無論用料、工藝、倉儲均屬上乘，這正是他大力推薦「皇茶一號」的主因。

90後出生的余董可說年紀尚輕，在競爭激烈的芳村茶葉市場算是「新銳」了，公司經營快兩年了，未來沒有去想，只想著倉庫越多越好，而行情好時庫裡的茶才會值錢，但豁達的他說賣或不賣心情都好，輕鬆一點，累積一些茶一些客戶，時間長了，以前認識的聊得來的就慢慢在一起了，前提是

自己做事情要靠得住、要誠信，因為年輕，所以沒有老一輩茶人的傳奇，但簡單也是一種態度、一種心情，不是嗎？

結合歷史文化與自然環境
追求普洱茶市場價值

廣州「博苑茶行」林樹枝

有人說「人生如茶」，普洱茶以獨特的方式，彷彿隱喻和展示著人生，帶來無窮的回味與無盡的遐想。來自福建省安溪縣西坪鎮「鐵觀音」發源地的林樹枝先生，2003年就在廣州創辦「博苑茶行」，且早在19年前，就看見普洱茶有形、無形的市場價值，因此用心鑽營新、舊普洱茶，結合其歷史文化、自然環境等特點，進入茶行業更讓他深刻感受茶葉質樸自然、清新真實的內涵。

林董說最早是做出口馬來西亞、台灣、香港等地的茶葉貿易，2005年後開始回流普洱茶經營。從2003年開業至今，「博苑茶行」已整整屹立19個年頭，都說普洱茶是「可以喝的古董」，普洱茶既可以喝、又可以藏，還能夠做為欣賞之用。林董秉持著進入茶行業的初心，「做普洱茶這一行，一個不小心只會虧時間，而不會虧本錢。」在普洱茶市喧囂的追捧中，他回歸茶的本質，悟出其中的淡然與愜意。

林董說「江城號」是博苑的品牌，2005年第一次上山做茶葉，每年都有做一

些茶葉自己收藏，原料大多為布朗山跟易武茶為主。勐海茶廠改制為民營前的茶葉都有一些，包括1980年代末期的88青餅、薄紙8582、改制前的班章大白菜等，號級茶與印級茶也有做一些生意。至於改制後的「大益」新茶則以1801「千羽孔雀」、1701「金大益」為主。

在「博苑茶行」創業15週年的2018年，林董為了慶祝茶行開張邁入新的里程碑，特別與蘇格蘭島嶼愛倫（Arran）威士忌酒廠合作，推出精選單桶原酒「博苑茶行『龍騰雲起・紫氣東來』」單一麥芽威士忌，獨家限量276瓶作為「博苑茶行」15週年紀念酒。強調以國人特別喜愛的「雪麗桶威士忌」為目標，精選於1996年蒸餾、放置於Sherry Puncheon中熟成21年的威士忌，非冷凝過濾、無添加焦糖色素，2018年4月9日裝瓶完成，酒精濃度為52.1%。

林董說自己生肖屬龍，而龍不僅為東方神話傳奇靈獸，更是古代帝王圖騰，象徵祥瑞。因此「博苑茶行」特別以「龍騰雲起・紫氣東來」的酒標形象，精美繪製出貴族紫金龍與金色酒標做搭配，為此一紀念酒更添大器與尊貴。燈光下仔細端詳那飄浮的雲彩、驚動的神龍，呼應「愛倫雪麗桶裝」單一麥芽蘇格蘭威士忌原酒，遒勁、奔放的

從2003年開業至今，「博苑茶行」已整整屹立19個年頭，
都說普洱茶是「可以喝的古董」，
普洱茶既可以喝、又可以藏，還能夠做為欣賞之用。

酒體，同時形塑飄若浮雲，矯若驚龍之靈動與唯美的氣勢。龍身上精美的鱗片，漸層色彩搭配得宜，寓意龍行紫氣東來、乘著祥雲翩翩降臨，更彰顯大器尊貴。

經營普洱茶卓然有成的林董表示：東方普洱茶文化與愛倫威士忌，在此激盪出陳年歲月所帶來的耀眼光芒。唯有品飲過後，才能感悟生命裡另一種顏色與滋味，人生的旅程裡有多少初嘗、挑戰、磨練的苦澀，就有多少隨之而來，正如愛倫21年雪麗桶威士卡般陳醇的香甜，令人回味無窮。

細細品味該紀念酒，如普洱棗茶色與深邃核桃木色，散發濃郁的麥芽香，以及烈酒浸漬果乾的氣息，帶出清新花草香與飽滿蜜香。輕啜入口後有渾厚、醇香的雪麗酒甘甜滋味，飽滿水果與麥芽成熟風味。最後舉杯享受杯底雪麗桶厚實的木質醇香，交織出蜜糖與辛香料溫暖悠長的尾韻，真是愜意極了。

從湖南到廣州芳村的
追茶之人

廣州「茗鴻閣茶業」李永娟

因為喜愛茶，剛剛走出校門的李永娟2007年從家鄉湖南老家踏上了前往廣州「芳村茶葉市場」的列車，在芳村茶葉市場經過幾年的學習工作後，為了自己對茶的理想，於2011年開了自己的店。由於開始學習階段接觸普洱茶居多，就一直堅持研習經營這種茶類為主。近些年開始接觸白茶，慢慢學習和研究，遍訪白茶茶人，發現白茶這類茶茶性溫和，淡而不薄，香甜可口，韻味醇厚，老少皆宜。雖然跟普洱茶的濃釅有一定的區別，但是有一個共性就是「越陳越香」，好品質的白茶會隨著時間的增長對飲茶者益處良多。

李永娟說說經營後發酵的普洱茶和微發酵的白茶不同點，在於普洱茶流通時間長，且總體量和市場認知度要遠大於白茶，流通脈絡相對來說比較有跡可尋，資料豐富，保管相對較易。白茶目前的大市場流通相對於普洱茶沒有那麼廣泛與認知，但是口味對初期飲茶者比較易接受，有一定的保健功效，老白茶茶性比較溫和，老少皆宜，基礎消耗人群增長速度更快，好茶存放好隨著時間會自然增加價值，這也是和普洱茶共通的迷人之處。好的原料、好的工藝、加上優質的倉儲才是白茶增值的核心要素，無論最頂級的白毫銀針或白牡丹，甚至許多老白茶，她個人還是比較偏好散茶。

她開始經營是以各類品牌普洱茶為主，2012年以後由於個人偏愛「大益茶」的獨特口感，轉為主要做大益茶，主要收藏中老期和品質新茶為主。她說大益茶近些年的升值是不少的，勐海茶廠改制為民營前的茶自然不用多說，目前早已奇貨可居，而改制後至現今有很多款茶品也非常優質，例如2006年「布朗孔雀」、2008年「高山韻象」、201「金色韻象」，2016年「珍藏孔雀」等，她表示入手比較早的茶品購買性價比很高，最近幾年收藏價值都是很好的。

針對大益茶近年的猛然飆漲，不斷推出的茶品也普遍被定位為「投資茶」，在經

 白茶目前的大市場流通相對於普洱茶沒有那麼廣泛與認知，
但是口味對初期飲茶者比較易接受，有一定的保健功效，
老白茶茶性比較溫和，老少皆宜，基礎消耗人群增長速度更快，
好茶存放好隨著時間會自然增值，也是和普洱茶共通的迷人之處。

營上，與售予直客的「消費茶」，相對於給同業或投資客的投資茶，李永娟的看法是「消費者是一切行銷的基礎也是最終端」，她說茶最終還是用來喝的，大益茶目前的產品很豐富，能滿足很多不同消費層次的需求。投資是在於這個東西大家認為有更高的價值，很多時候大家也會受到諸多因素的影響，產生不同的觀點。她說自己也是經過行業的週期性的，認為收藏是一個長期的過程，如果是短期流通則需要謹慎對待。

以一位年輕的女性在芳村及普洱茶界多年的堅守，相信李永娟一定有她自己的行業經驗或投資看法，她以「茶的品質是基礎，時間換空間，欲速則不達。」來回應。儘管大益普洱茶近期價格頻頻傳出回檔修正，謙虛且樂觀看待市場的李永娟依然充滿信心，在她堅毅且笑容璀璨的臉上，我彷彿又看到了湖南友人永遠持之以恆、真誠坦蕩的一面。

小茶童蛻變普洱達人
「茶越陳越香、藏茶如藏金」投資心法

廣州「豐吉茶業」曾燕杰

從廣東汕頭到廣州芳村，從幫親戚的茶具與茶葉包裝店打工，到開創自己的普洱茶事業，從一路走來並不順遂到努力學習成長，終於成就了自己的輝煌事業。由於疫情影響，只能透過微信電話採訪，卻深深感受了他誠懇熱情的一面。他是曾燕杰，「豐吉茶業」主人，也是目前「中華茶業協會」的顧問。

曾董說自己來自廣東汕頭的「工夫茶之鄉」，從小從祖輩、父輩都有喝工夫茶的歷程，加上90年代中旬有位親戚在在廣州經營茶業，因此1995年他15歲時經常一放學或放假，就會到親戚家打工，幫忙做些小包裝等，翌年還直接跟親戚上了廣州。當時廣州

茶葉市場仍是一片空白，且完全沒有泡工夫茶喝的習慣，親戚當時是做小包裝的烏龍茶賣給副食品店，而曾董當時就負責白天包裝、晚上送貨。直到1996年，親戚才到芳村開了家茶店，他也跟著來到了芳村，當時芳村的茶葉市場也才初步形成，全部大約僅有5、60家吧，算是芳村的第一代店了。

曾董回憶說芳村茶葉市場一直到1999至2000年間才開始蓬勃發展，全國各地都來此批茶、包裝、茶具買賣等。接著他開始出去創業，包括中山、深圳等地，也許當時閱歷不足或身處外圍市場的緣故，最後都以結束收場。直至2002年才徹底醒悟過來，重新返回芳村，重新以茶、茶葉周邊的配套包裝，重新經營起。

曾董在2002年10月份到廣州芳村創建「吉星茶業」，起初也以潮州廚器茶具與茶

葉包裝為主，直至2003年SARS過後，芳村一直有人來店尋找喝普洱茶的杯子與部分包裝，包括普洱茶盒、七子餅架、茶刀與茶針等，才開始有了學習經營普洱茶的想法。當時他與芳村傳統的普洱茶商家常有接觸，發現市場與發展潛力甚大，因此從致力幫他們尋找普洱茶周邊配件，進而在2004年逐漸轉變為普洱茶的經營。並在2012年過後確認

「大益」茶才是真正中國大普洱茶的龍頭、茶葉的龍頭，才是未來的主流。經歷過所謂「龍頭品牌價值」與收藏投資的一種市場認可，隨著國內經濟快速起飛與收藏市場的同時發展，「大益」市場只會越來越大，而短期價格的起落的不過是「階段」罷了。

2004年國營勐海及下關茶廠紛紛改制為民營後，曾董開始瞭解學習普洱茶，並在2005年開始收購普洱茶，儘管當時的購買是比較模糊的、一些消耗型的，無論大益或下關普洱茶都隨便購買，好不容易茶品開始上漲，自己也剛剛嚐到獲利的喜悅，卻碰上震驚市場的「豬圈茶事件」，2005年3月份一度崩盤，讓當時已將所有資金與茶具資源都全部轉到普洱茶的他明顯被「套牢」。所

幸9月份後，珠三角外圍的朋友經常要他幫忙找些7542、7572等常規茶品，只要辛勤付出必有收穫，更幸運的是不斷進駐的台商都成了他的啟蒙老師，教導或指點他如何尋找大益茶或下關茶，重要的是讓他明白了原來普洱茶真正要做好做大，還是得做足收藏投資，至此總算清楚明白普洱茶的魅力與價值，而真正進入了普洱茶的主流市場。

果然慢慢「摸著石頭過河」，從2006年10月到2007年4、5月份，這個期間，芳村迎來了一個真正大規模的瘋狂飆漲的時代，當時所有普洱茶平均漲幅都超過10倍，只要手上有當時的主流品牌「大益」或「下關」，閉著眼都能有15倍以上的利潤。儘管到了2007年6月又再度崩盤，但之前已獲利

站穩腳步的曾董早已了然於心，以一種成熟穩健的態度面對。等到2008年年底至2009年年初，普洱茶又是重新來個大洗牌，再度站上市場的高峰。

曾董說目前主流市場已經完全以「大益」為中心，以大益茶為主，之前偶爾還會做點下關茶或陳升號，但2012年過後，基本

完全百分百經營大益茶，商號也因「吉星」已被別人搶先注冊而更名為「豐吉茶業」。至於經營大益茶的心得與做法，他提出「時代、時機、時間點」三者最為重要，他始終堅信大益茶是週期性的行業，只要時間點在相對低迷的時候，就應閉著眼睛做好基本功，等待人氣市場慢慢回暖。

2016年過後的新茶，曾董較為認可、看好的品項，依序為「群峰之上」、「千山一葉」、1701「金大益」、201的「金色印象」等。中期茶較看好的性價比與品質佳者，如2005～2006年的8582，目前價格較為低谷，口感轉化的也較好。

之所以會推薦上述茶款，由於曾董來自「工夫茶之鄉」的汕頭，對於品茶的口感與味覺自然更為敏銳，而上述的幾款茶金大益、千山一葉、群峰之上、金色印象等，就是有真正的正香正味正氣。顯然曾董的致勝關鍵，除了「茶越陳越香、藏茶如藏金」的投資心法，還有獨到的眼光精準選茶識茶，更擁有潮汕工夫茶異於常人的味蕾，今天才能識得普洱茶真味，並在群雄並起的芳村穩健成長開創事業頂峰吧！

| 作者後記 |
疫情蔓延中的茶業復興

北宋大才子蘇軾曾有詩曰：「先生有意續茶經，會使老謙名不朽。」儘管是稱讚南屏山「淨慈寺」謙師爐火純青的點茶技藝而作；但時空拉回至現代，在全球疫情還看不見盡頭的去年深秋，面對兩岸物流或茶葉通路等嚴重受創，「中華茶業協會」首任會長陳啓村大師特別登高一呼，取得眾多理監事與顧問群的共識，決定推出《華茶領航》一書，作為疫情蔓延中的「茶業復興」，並提供有意進場的普洱新人做為範本。甚至不惜移尊就駕，遠從台南親赴台北找到之前並不相識的我，希望我能接下新書撰寫的重責大任，深刻的用心足堪與「先生有意續茶經」詩句前後呼應，令人感佩。

話說十多年來普洱茶無論新舊都在兩岸三地造成搶購，價格也瘋狂飆漲，改制前後的「大益」茶還成了等同股票的金融商品，2020年甚至不畏疫情而連番逆勢上揚。不過任何投資都具有風險性，一旦品茶的樂趣融入囤茶的利益，就難免要患得患失。而選茶的評判標準也充滿了諸多的變數，不同的茶樹、茶區、季節、氣候、海拔、炒青、曬青、倉儲等因素，都會造成茶葉品質的極度差異，值得典藏投資的茶品仍須經過審慎的選擇判斷。因此本書的推出，除了分享兩岸眾多普洱達人的投資心法，更希望在普洱茶風起雲湧的起落之間，作為眾多愛茶朋友品茶識茶與投資收藏的參考。

其實我從1990年代末期開始，不斷深入雲南普洱、西雙版納、臨滄等地，20年來

作者簡介

兼具作家、詩人、畫家、攝影家、茶藝家、資深媒體人等多重身分，國立中興大學法律系畢業，至今已出版著作40餘本（含兩岸繁／簡體版茶文化暢銷大書15本）。曾獲全國優秀青年詩人獎、中國時報文學獎、台灣茶協會傑出茶藝文化獎等。

曾任《新聞周刊》總編輯、《自由時報》主編；《新新聞》、《新觀念》、《時報周刊》、《人間福報》、《獨家報導》與中國大陸《茶道》、《茶葉中國》等專欄作家。現為兩岸各大報刊專欄作家、北京大學《中華茶通典》學術暨編纂委員、《中華茶器具通鑑》編撰委員暨三卷主編。

在兩岸也陸續出版了多本普洱茶相關大書，但以「人物」為主題寫作卻是首次。而世人提到中國四大奇書之一的《水滸傳》，總會為作者施耐庵能將梁山泊108位好漢，每個人物不同的個性刻劃得神龍活現感到讚嘆，我雖沒有那麼大的能耐，但也希望盡可能為45位普洱達人的投資心法與特色畫龍點睛。由於受訪者遍佈兩岸各地，除了台灣由南到北親身採訪，也受限於疫情，兩岸來回都必須隔離14+7天的情況而無法前往，只能隔著海峽透過微信語音通話，有時還遇上東莞、深圳、廣州等地封城使得採訪數度延宕，照片也僅能由受訪者提供再略加修圖了。寫作過程不僅倍感艱辛，疏漏之處更在所難免，還望達人與讀者諒解囉。

感謝陳啓村、劉震華兩位前後任會長的鼎力支持與相助，感謝高雄「福運普洱茶」陳淑惠美女、陶藝家陳瑞諭、金工藝術家蔡長宏、資深電視製作人周在台等，不辭辛勞在中、南、東部的全程陪同及接送採訪，感謝台北市茶藝促進會唐文菁前會長幫忙作筆記、翻譯錄音，感謝受訪普洱達人們的熱忱接待，本書在千呼萬喚中終於交稿付梓，忍不住奪眶而出的，絕對是我最深的感動，再一次表達深深地感謝。

2022年4月・台北

兩岸知名作家吳德亮已出版（含兩岸繁／簡體版）著作

▎找茶情資 ▎

· 啓村藝術　陳啓村
台南市中西區西賢一街98號
電話：06-2509922

· 傳麒國際／華香堂　劉震華
新竹市天府路一段539號14樓
電話：0937-989890
新竹縣竹北市中正西路1410巷38號
電話：0937-980890

· 茶言觀色茶業　鍾木盛
廣州市荔灣區芳村南方茶葉市場古橋茶街北區F座12號
電話：1353-3988424
高雄市塩埕區五福四路239巷2之13號
電話：07-5616624、0919-155308

· 伯峰普洱茶　沈伯峰
台中市霧峰區林森路113號
電話：0935-126938
廣州市南方茶葉市場古橋北區F座6號
電話：1371-0679316、1392-6442588

· 普提緣茶業　楊水吉
廣州市荔灣區南方茶葉市場中心館B館22號1樓
電話：1353-3332858

· 泉雅集茶業　李明宗
彰化縣芬園鄉彰南路五段726號之28
電話：0937-260485

· 年代茶藝　許政杰
桃園市桃園區同德五街300號1樓
電話：0932-929669

· 易茶軒　彭金盛
廣州市芳村南方茶葉市場廣物茶葉中心E101檔
電話：1345-0420882

· 三福印茶業／福運普洱茶　羅明福、陳淑惠、羅鈺閎
廣州市荔灣區芳村茶葉市場古橋北區F6-7檔
電話：1367-2417789
高雄市三民區大豐一路439號之2
電話：0919-953800

· 逸杯茶　蔡承融
台北市大安區永康街541號之1
電話：02-23910518
台北市大安區麗水街13巷7號
電話：02-23946868

· 普勝商社　楊政龍
台南市北區東豐路407號
電話：0955-911877

· 藝境茶莊　曾志成
台南市東區東平路50號
電話：0932-701581

· 永寬堂茶業　鍾定燁
宜蘭縣宜蘭市民族路224號
電話：03-9351593、0909-787687

· 上仁茶業　曾展上
新北市樹林區學林路108號
電話：02-26683120、0937-877890
新北市中和區信義街87號
電話：02-29408194

· 微風普洱　王世宏
高雄市鳳山區建國路一段127號
電話：0989-673331

· 佳鑫茶莊　張銘信
高雄市鹽埕區新樂街93號
電話：0932-792362

· 和鑫普洱茶　金成強
高雄市楠梓區壽民路215號
電話：0910-760644

· 李宗修
台南市仁德區德成路111號之8
電話：0929-538862

· 金釜有限公司／餘慶堂珍藏藝術　張國慶
高雄市前鎮區中華五路1283號14樓
電話：0988-009737

· 二木茶坊／台灣採茶趣　林德欽
新竹市香山區經國路三段28號、30號
電話：0930-062759

· 金雲南茶莊　周大豐
彰化縣永靖鄉永北村西門路72號
電話：04-8237280、0933-496956

- 如意堂茶業　許慶毅
  新北市蘆洲區民族路153巷11號1樓
  電話：0932-059692

- 茶順號／唐立茶業　鄭義順
  高雄市三民區陽明路78號
  電話：0912-115888

- 普茶莊　徐飛鵬
  深圳市南山區前海路南崗商務大廈1428號
  電話：1382-3249595

- 旭品茗茶　郭德厚
  高雄市前金區市中一路39號之1
  電話：0909-266866

- 冠臣茶業　王冠臣
  新北市永和區秀朗路二段227號
  電話：0932-182229

- 百德大益普洱茶莊　許富銘
  嘉義縣民雄鄉福興村8鄰牛稠溪1-72號
  電話：0958-787888

- 許榮富
  高雄市鳥松區澄湖路137號
  電話：0910-801975

- 東易茶行　何遵民
  彰化市辭修路502巷14弄2號
  電話：0913-582858、0916-582-858

- 雅園溏　張秀如
  台中市新社區中和街一段6巷16號
  電話：04-25821097、0976-316265

- 隨緣茶人文藝術園區　邱國雄
  園區：桃園市龍潭區中原路三段29號
  電話：0932-282648
  旗艦店：桃園市中壢區環西路14號
  電話：0932-282648

- 翰林茶餐飲集團　涂宗和
  台南市南區新孝路191號3樓
  電話：06-2919758

- 台灣益友會／大益茶庭　田竹英
  台北市大安區建國南路一段312號
  電話：02-27557542、0952-597789
  網址：www.teatea.com.tw

- 雲水茶莊／集賢堂　戴舜仁
  台北市永康街12巷8號
  電話：0933-819318

- 雲谷茶莊　林美惠
  台北市萬華區貴陽街二段84號1樓
  電話：0919-383182
  廣州市荔灣區芳村大道中433號111鋪
  電話：020-81895567

- 瑩聯企業　何錦榮
  台南市南區新樂路42-1號
  電話：0933-282126

- 釅藏／四海茶莊　張文銓
  台北市大安區敦化南路一段233巷45號
  電話：02-27117570、0937-457459

- 東和茶業　陳軍日
  廣州市荔灣區洞企石路9號
  電話：020-81544307

- 鴻鑫隆茶業　陳竑暉
  廣東東莞萬江石美友誼路116－120號天鑫總店
  電話：0769-22114980

- 百家賦茶業　劉佳宇
  廣州市荔灣區芳村南方茶葉市場古橋茶街北區
  E座13號
  電話：1571-0869988

- 億人茶業　范思杰
  廣州市荔灣區芳村大道中443號之24，106-
  107鋪
  電話：1392-2760734

- 貢盈茶業　余偉績
  廣州市荔灣區洞企石路廣物茶葉配送中心H03A
  電話：1382-2287542

- 博苑茶行　林樹枝
  廣州市荔灣區芳村南方茶葉市場觀光路宏天樓
  B23號
  電話：1390-3068582

- 茗鴻閣茶業　李永娟
  廣州市荔灣區南方茶葉市場中心館A10-11檔
  電話：1392-6167006

- 豐吉茶業　曾燕杰
  廣州市荔灣區芳村廣易茶文化30號A7
  電話：1300-2012030

華茶領航：45位普洱達人的投資心法

2022年8月初版　　　　　　　　　　　　　　　　　　　定價：新臺幣800元
有著作權・翻印必究
Printed in Taiwan.

著　　者	吳	德		亮
攝　　影	吳	德		亮
	（部分照片由受訪者提供）			
總 策 劃	中 華 茶 業 協 會			
叢書主編	林		芳		瑜
校　　對	倪		汝		枋
美術設計	許		瑞		玲

出　 版　 者	聯經出版事業股份有限公司	副總編輯	陳	逸	華
地　　　址	新北市汐止區大同路一段369號1樓	總 編 輯	涂	豐	恩
叢書主編電話	（02）86925588轉5318	總 經 理	陳	芝	宇
台北聯經書房	台 北 市 新 生 南 路 三 段 9 4 號	社 長	羅	國	俊
電　　　話	（ 0 2 ） 2 3 6 2 0 3 0 8	發 行 人	林	載	爵
台中辦事處	（ 0 4 ） 2 2 3 1 2 0 2 3				
台中電子信箱	e - m a i l：l i n k i n g 2 @ m s 4 2 . h i n e t . n e t				
郵政劃撥帳戶	第 0 1 0 0 5 5 9 - 3 號				
郵 撥 電 話	（ 0 2 ） 2 3 6 2 0 3 0 8				
印　 刷　 者	文 聯 彩 色 製 版 有 限 公 司				
總 經 銷	聯 合 發 行 股 份 有 限 公 司				
發　 行　 所	新北市新店區寶橋路235巷6弄6號2樓				
電　　　話	（ 0 2 ） 2 9 1 7 8 0 2 2				

行政院新聞局出版事業登記證局版臺業字第0130號

本書如有缺頁，破損，倒裝請寄回台北聯經書房更換。　　ISBN　978-957-08-6431-1 (精裝)
聯經網址：www.linkingbooks.com.tw
電子信箱：linking@udngroup.com

國家圖書館出版品預行編目資料

華茶領航：45位普洱達人的投資心法/吳德亮著/攝影．初版．
新北市．聯經．2022年8月．192面．21×29.5公分
ISBN　978-957-08-6431-1（精裝）

1.CST：茶葉　2.CST：茶藝　2.CST：產業發展

481.65　　　　　　　　　　　　　　　　　　　　　111010564